THE HUMACHINE

Humankind, Machines,
and the Future of Enterprise

人机共融体

智能时代的人、机器与企业

［美］纳达·桑德斯　约翰·伍德◎著
Nada R. Sanders　John D. Wood

王柏村　易兵　杨赓◎译

电子工业出版社
Publishing House of Electronics Industry
北京·BEIJING

内 容 简 介

在人工智能飞速发展的今天，如何帮助企业应用人工智能来提升竞争力，如何防范在应用人工智能时可能带来的风险，成为人类必须面对且亟须解决的问题。本书探讨了人工智能的局限性以及人工智能所带来的机会，研究了人类和机器可以互相补充配合的领域，提出了一个面向企业层面的"1+1＞2"的智能体：人机共融体（Humachine）。人机共融体基于云计算、大数据等技术，通过实施组织管理框架来创建，该框架通过应用卡斯帕罗夫定律，以满足博斯特罗姆集体超智能的条件来解决莫拉维克悖论。人机共融体为构建具有可持续竞争优势、有效益、有道德的企业提供了方法和建议，同时也为学者们研究"人—信息—物理系统"（HCPS）、协作机器人、智能制造、智慧医疗、智能社会等提供了参考。

The Humachine: Humankind, Machines, and the Future of Enterprise

edited by Nada R. Sanders and John D. Wood (ISBN: 978-1-1385-7134-1).

Copyright ©2020 by Taylor & Francis Group, LLC.

All Rights Reserved. Authorized translation from the English language edition published by Routledge, a member of the Taylor & Francis Group, LLC.

Publishing House of Electronics Industry is authorized to publish and distribute exclusively the Chinese (Simplified Characters) language edition. This edition is authorized for sale throughout Mainland of China. No part of the publication may be reproduced or distributed by any means, or stored in a database or retrieval system, without the prior written permission of the publisher.

Copies of this book sold without a Taylor & Francis sticker on the cover are unauthorized and illegal.

本书原版由 Taylor & Francis 出版集团旗下的 Routledge 出版公司出版，并经其授权翻译出版。版权所有，侵权必究。

本书中文简体翻译版授权由电子工业出版社独家出版并限在中国大陆地区销售。未经出版者书面许可，不得以任何方式复制或发行本书的任何部分。

本书封面贴有 Taylor & Francis 公司防伪标签，无标签者不得销售。

版权贸易合同登记号　图字：01-2020-6696

图书在版编目（CIP）数据

人机共融体：智能时代的人、机器与企业 /（美）纳达·桑德斯（Nada R. Sanders），（美）约翰·伍德（John D. Wood）著；王柏村，易兵，杨赓译 . —北京：电子工业出版社，2023.12
书名原文：The Humachine: Humankind, Machines, and the Future of Enterprise
ISBN 978-7-121-46770-7

Ⅰ . ①人… Ⅱ . ①纳… ②约… ③王… ④易… ⑤杨… Ⅲ . ①人工智能 Ⅳ . ① TP18

中国国家版本馆 CIP 数据核字（2023）第 226886 号

责任编辑：刘家彤　　文字编辑：许　静
印　　刷：河北迅捷佳彩印刷有限公司
装　　订：河北迅捷佳彩印刷有限公司
出版发行：电子工业出版社
　　　　　北京市海淀区万寿路 173 信箱　　邮编：100036
开　　本：720×1000　1/16　印张：17.25　字数：383.6 千字
版　　次：2023 年 12 月第 1 版
印　　次：2023 年 12 月第 1 次印刷
定　　价：102.00 元

凡所购买电子工业出版社图书有缺损问题，请向购买书店调换。若书店售缺，请与本社发行部联系，联系及邮购电话：（010）88254888，88258888。
质量投诉请发邮件至 zlts@phei.com.cn，盗版侵权举报请发邮件至 dbqq@phei.com.cn。
本书咨询联系方式：（010）88254504，liujt@phei.com.cn。

本书献给塑造我们未来的先驱者和梦想家。

——纳达·桑德斯

本书献给致力于用科技助力人类发展的每个人。

——约翰·伍德

竞争环境正在发生剧烈转变，如同地面裂开的巨大断层带，将人类企业进化轨迹上的过去与未来分开。

在断层带的过去一侧，有些企业错误地将人工智能（AI）视为一项可以依附于企业的技术。但人工智能并不适合"即插即用"的技术模式，也不同于更新员工的笔记本电脑或安装新的客户关系管理平台。事实上，它有别于人类历史上任何有记载的技术变革。

在断层带的未来一侧，那些在企业层面实施人工智能的企业，它们将突变成一种全新的企业形式——将人类的最高能力与新发现的、不断涌现的人工智能的力量结合起来。

你可以认为，人工智能是被引入地球商业生态圈的一个重要环境因素，它将产生一种进化压力，迫使企业进化或灭亡。对于那些处于断层带的未来一侧的企业来说，问题变成了如何在混乱中保持人性。

起初，企业如何利用人工智能来最大化利用人类和机器的能力是对企业高管执行能力的考验，现在却转变成对人性未来发展的更为深刻的思考。

这给所有经济领域的商业领袖敲响了警钟。无论从事什么行业，都应该积极采用人工智能技术，而一旦开始采用了，就应该努力坚持原本的目标和道德信念，甚至人性，即便我们的组织仍在不断演进。

"人机共融体"的定义

> 这很可能是人类有史以来面临的最重要、最令人生畏的挑战。而且,不管我们成功还是失败,这都可能是我们面临的最后一个挑战。
>
> ——尼克·博斯特罗姆
> 《超智能:路径、危险性与应对战略》的作者

1. 公司就是人

2012年，米特·罗姆尼竞选美国总统时，他在一次竞选演讲中就使用了这个标语，不管起的作用如何，这个标语获取了大量的流量。2011年8月11日，在艾奥瓦州的交易会上，一名抗议者称政府应该向公司而非个人征税时，罗姆尼坦率地表示："公司就是人，我的朋友。"

坦白地说，一个公司一般包括董事、管理人员、经理、工人、股东和客户——所有这些人。当我们想到"企业活动"时，它实际上是指所有这些人都参与其中的一系列相互关联的商业活动。

当罗姆尼说"公司就是人"时，他可能使用了一种被称为"提喻"的语言惯例，"一种用一部分来代表整体的修辞，反之亦然。"此外，从法律层面上来看，他的评论是准确的。大约200年前，美国最高法院裁定，公司就是法人。

"一个聚合（Aggregate）公司……简而言之，公司是一个虚拟人，存在于法律之中，并被赋予某些权力和专营权，虽然这些权力和专营权必须通过公司的自然成员来行使，但却被认为是存在于公司本身之中的，就像公司是一个真正的人一样。"

根据布莱克法典，"虚拟人"在17世纪就被理解为法律认可的实体，并被赋予人类的某些法律权利和义务。

是什么造就了一个人？最不具争议性且直观的答案可能就是"人格"，这意味着有精神生活和自我意识，或能够自主做出有意义的选择，具备一些内在特性，甚至一个内在的精神世界。清晰起见，必须将我们的研究与常识答案区分开来，即把关于现象意识的争论放到一边。我们不是在谈论第一人称的主观意识体验，如看到一种颜色、品尝一种味道或听到音乐的意义——所有关于"人格"和"内在特性"的概念，以及我们熟悉的第一人称的主观意识感受。我们关注的焦点是理性行为——在法律和商业领域进行思考、信息处理、逻辑推断等。如果我们将法律意识与人类的学习、推理、计划和处理复杂事务的能力等结合起来,并以此方式来看待"公司就是人"这句话会怎么样?

坚持"公司就是人",让我们有理由认为公司也有"公民自由"。一般来说,大多数人不认为一个组织有独立思想。同时,认为公司具有人格的说法也不常见。在某种意义上,公司仅仅是特定司法管辖区的州务卿签订的合法法律文件的虚构体。没有人会认为一个公司有灵魂,或者有宗教信仰,或者会坠入爱河,或者和一只狗成为朋友,或者能吃到喜欢的冰激凌,或者做人类会做的其他事情。

话虽如此,或许我们应该把上述假设当成既定事实:一个公司可以结婚(合并)或离婚(剥离),或收养(收购),或生育(子公司),或死亡(解散);公司可以发言(竞选财政捐款);公司可能会触犯法律;公司可以为国家服务;公司可以有想法;公司可以有道德。如果公司是人,而人可以获得启蒙,那么公司也可以获得启蒙吗?我们能创造出一种没有偏见、愚昧、贪婪和恐惧的公司吗?

我们认为:公司可以有精神世界,因为公司可以拥有智慧、做出决策,这并不能被简化为公司内部某些特定人员的决策。

当在企业层面上用与人类相似的精神状态制定程序并实践,那会发生什么?我们是否创造了一种具有集体意识的新事物?这是一种什么样的新事物呢?它将人类丰富的思想、智慧和创造力与机械效率有机地结合在一起。我们认为,这就是人机共融体(Humachine)。

2. 什么是人机共融体

回到哲学范畴,理性论述的正确方法首先是定义关键术语,这样人们才能清楚地知道我们想要表达的是什么意思。其次,在这些定义的基础上,将这些术语与其他术语区别开来,这样人们就可以更清楚地理解我们的意思。最后，根据这些定义和区别，我们可以做出推论。定义（Definition）、区分（Distinction）、演绎（Deduction）——这是正统哲学的"3D"。我们希望通过使用适当的哲学方法，避免"垃圾科学"和炒作（在讨论技术前沿，特别是人工智能时，这很常见）。

据我们所知，Humachine一词最早出现在1999年《麻省理工技术评论》某期专刊的封面上。其主编认为，这是一种独特的措辞，"如果你不认识这篇专栏的标题，不要感到惊讶。因为字典里还没有这个词，但可能很快就会有了。或者有其他一些像Humachine这样的词，用来描述目前人类和机器之间正在发展的共生关系——人机共融体。"

本书对该术语的使用与《麻省理工技术评论》中的文章存在着较大区别。在《麻省理工技术评论》的文章中给出的所有例子都只是人类与机器的简单直接的物理组合，如视觉植入和可穿戴技术——换句话说，半机器人和机器人，我们要仔细区分。我们谈论的是在地球生命发展史上一种新型智能的出现。我们说的不是能模仿人类个性的电子人、机器人或人工智能；也不是在讨论将人类的某些属性与机器结合起来，或将某些机械属性结合到人类身上。

我们先通过《牛津英语词典》分析这些词汇。

"人类（Human）：与人类有关的或有人类特征的……与上帝、动物或机器相对的人类的特有特征，尤其是易受弱点影响的……展示人类美好品质，如善良。"

"机器（Machine）：一种使用机械动力的装置，由多个有具体功能的部件组成，且各部件协同完成特定任务……任何传递力大小和方向的设备……一群有组织且能高效率工作的人群……从事简单机械操作的人。"

然后，把这两个术语组合成"人机共融体"。

人机共融体：将人类特有的品质——创造力、直觉、同情心、判断力，与机器的机械效率——规模效益、大数据处理等能力结合在一起，再加上人工智能，同时保持人类和机器的优点，并摆脱人类和机器的局限和缺点。

本书中，我们感兴趣的是在企业层面探索人类与机器的结合——一个组织、公司或其他有组织的经济活动。换句话说，当我们说"人机共融体"时，我们指的是利用机器的力量来增强人类的能力，从而在企业层面创造良性的超智能体。

人机共融体是一个复合词，融合了两者（人类和机器）的发音并结合了两者深层次的含义。

莫拉维克悖论认为，"机器擅长什么，人类就不擅长什么，反之亦然。"卡斯帕罗夫定律认为，"弱的人+机器+更好的流程优于强的计算机本身，甚至优于强的人+机器+更差的流程。"博斯特罗姆根据"集体"或"组织"的定义认为，超智能可以"通过网络和组织的逐渐增强而出现，这些网络和组织将人类个体的思想相互联系起来，并与各种人工智能和机器人联系起来。"

人机共融体通过实施组织管理框架来创造，该框架通过应用卡斯帕罗夫定律来满足博斯特罗姆集体超智能的条件，从而解决莫拉维克悖论。

本书意在为未来制定一个路线图，以便有朝一日创造出一个结合了人类最强能力和机器最强能力的实体。而机械（Machinery）是指为工作的基本流程提供动力的非人类机制。

机械可以是可计算性的，如可以扩展人类计算能力的信息处理工具，也可以是物理性的，如能够扩展人类劳动能力的工业金属切削工具。

随着工业革命，物理机械在某些方面支持或部分取代了人类劳动。蒸汽机的动力超过了人类的体力，更不用说动物的劳动了。机械被用于人力难以达到的极限规模的操作，以及在高温或危及健康和安全的极端环境的工作。

当国民经济从以"工业"作为主要产出发展到以"服务业"作为主要产出时，物理机械再次部分取代了人类劳动：服务行业的某些工作被机器人所取代。银行出纳员变成了自动提款机，它实际上只是一个非常简单的壁挂式机器人，可以存款或取款。随着服务经济向信息经济演变，物理机械又一次取代了部分人类的工作。装有特殊传感器的无人驾驶飞机在数千公里之外巡航，正在取代马不停蹄的士兵巡逻。随着经济从农业向工业、服务业、信息化的发展，物理机械也在不断发展，塑造着经济，并被经济所塑造。

随着市场的发展，计算设备也支持并开始代替人类的智力活动。也许这种变化是从算盘或受宠的 TI-83 计算器开始的。但从发明于核实验室中的量子计算机开始，计算设备的计算能力已超越人类大脑的物理极限。现在我们可以将文件输入自然语言处理软件中，该软件可以在几秒内找到关键字，而不需要在堆满文件的房间内找一个月。这使受过良好教育的人力资源得到解放，可以让他们专注于具有更高价值的工作。

人机共融专家找到了利用物理和计算设备的力量来更好地增强人类行为的方法。在本书中，我们重点关注"数字化的机构与设备"，如传感技术（RFID芯片）和信息处理技术（大数据分析）等，而不是传统的物理机械。我们认为，人类可以利用数字化在企业级别上创造出超越当今人类智力上限的思维方式。

当然，即将到来的企业的自我意识预示着巨大的变化，但并非所有人都是积极的。我们将在第6章中更深入地探讨在大型网络中实际应用人工智能带来的风险，其中，我们将讨论现有法律框架在减轻这些风险并使人工智能处于正确轨道上所面临的挑战。

在正确方向上渐进的步骤是：了解什么是人机共融体，以及如何构建人机共融体。在我们看来，欧米伽点是一种可持续的平衡点，它使人类能够在这个星球及其他地方繁衍生息。

尽管创建人机共融体可能令人兴奋，但这也是危险的。人们对"控制问题"存在着非常现实的担忧——所构建的事物的功能是否会强大到无法遏制。

"如果有一天我们建立的机器大脑在一般智力上超过人脑，那么这种新的超智能将变得非常强大。类同于，大猩猩的命运现在更多地取决于人类而不是大猩猩本身，所以人类的命运将取决于机器超智能的行动。"我们希望通过赋予超智能以人性化的品质，创建可自我调节、抑制危险的冲动，甚至保护人类免受其不良影响的超智能，从而减少危险。

我们认为，目前扩展企业级人工智能的风险因素就像在具有巨大机会的海洋中碰到冰山的风险一样。也就是说，人工智能是一种已知的风险，我们应该有足够的机会来避免这种风险。我们希望科技巨头们认真对待这一风险，因为他们实际上可以对此有所作为。但是，由于危害的严重性及其不可逆转的性质，我们希望优先考虑像博斯特罗姆这样的人工智能研究人员的观点，他们预测不可避免地会陷入单体人工智能的困境，这种单体人工智能可能利用"无形的手"来掌控人类的生存状态。

"原则上，我们可以建立一种保护人类价值观的超智能。但是在实践中，控制问题变得非常困难（如何控制超智能将做什么的问题）。也许我们只有一次机会。一旦存在不友好的超智能，它将阻止我们替换它或更改其偏好……这很可能是人类面临的最重要、最艰巨的挑战。而且无论成功还是失败，这可能是我们面临的最后一个挑战。"

虽然博斯特罗姆谦虚地表示，严重的忧虑可能是"严重的错误和误导"，但是我们同意博斯特罗姆的看法："文献中提出的替代观点要差得多，包括默认观点或'零假设'，如我们暂时是安全的或者理直气壮地忽略超智能体的发展前景"。博斯特罗姆担心如果我们不重视控制问题，将不能为由此带来的危险做好准备。在这种情况下，过于谨慎比不采取任何保障措施更为慎重。

关于控制问题，在人工智能研究的早期阶段它可能很遥远，但我们在本书中给予了相对公正的规范说明，而非简单的描述性和战术性的表述。在我们追求健康和合理的战略竞争优势时，也不能忘记如果我们在这条走向未来的绳索上滑倒了会发生什么。

3. 各章节简介

第1章：**第四次工业革命**。首先，解释第四次工业革命对人类工作的重要意义。引入卡斯帕罗夫定律并阐述，卓越的表现不一定需要人类天才或卓越的机器；相反，可以通过普通的人和机器的更好操作来实现。然后，解释莫拉维克悖论，以说明人和机器之间共生、相互依存的关系。与结合人类和机器的优点的乐观态度相反，我们更加关注创造超智能机器的危险。我们讨论控制问题是为了强调管理人工智能的重要性。最后，介绍了一种企业形式，它利用人和机器之间的协作来实现"超智能"——人机共融体。

第2章：**超智能之路**。引入了超智能的概念，即在几乎所有感兴趣的领域中，大大超过人类认知能力的智能。列出了获得超智能的各种具体路径：生物认知增强、神经网络、全脑模拟和集体超智能。并认为集体超智能是最有希望的路径。我们反对"物种沙文主义"的偏见，其认为只有人类才能有精神状态。我们引入集体意向性的概念来支持我们的观点，即一个企业可以有自己的想法。本章最后摘录了泰尔哈德·德·夏丹的《人的现象》，这是他对精神世界的美好描绘，那层包裹着地球的意识为生命本身的进化又提供了一条道路。

第3章：**机器能力的局限**。通过说明人工智能的力量和局限性来反驳一些围绕人工智能的夸张说法。解释了作为理解人工智能、机器学习、深度学习和神经网络的媒介的大数据、算法、云计算和暗数据。尽管人工智能在模式识别和以超人类速度、精度、体量处理数据的能力方面表现出色，但与人类的一般智能相比，仍存在较大的局限性。人工智能系统缺乏常识，不能理解上下文，数据匮乏且脆弱，缺乏直觉，受限于局部最优、"黑箱子"等机理，并且受所提供数据质量的影响很大。

第4章：**人类能力的局限**。关注人类工作能力的极限。首先，我们讨论人口结构的变化是如何与机器人采购一样以深刻的方式影响劳动力的——用机器人劳动或自动化过程取代人工劳动。然后，我们审视人类的优势和劣势，着眼于对工作环境的影响。按照丹尼尔·卡内曼关于系统1和系统2类型思维的思考，我们试图更深入地理解，与人工智能相比，人类智能带来了什么。例如，独创性、直觉、情感、关怀、游戏性、道德信念和审美等，都是机器无法替代的。我们考察了一些有据可查的影响我们与他人合作的人类偏见。最后，确定了需要培养人工智能具备的独特的人类品质，包括创造力、情商、直觉、关怀、伦理信念、美学和游戏性。随着机器变得越来越智能，企业将任务从人类身上转移开，我们必须与时俱进地培养人工智能具备某些人类特征。

第5章：**人与技术的融合**。随着工人和人工智能机器深度合作的工作关系的发展，人工智能并非工人的替代品，而是独特人类技能的补充。如果我们能够优化人机界面，那么人类的学习能力和工作效率将得到极大的提升。考虑到人类与人工智能的关系，需要对技术给予更多信任。我们关注由于持续依赖机器来执行以前需要人类技能才能完成的工作而导致的"萎缩风险"。

第6章：**人机共融时代的法律问题**。引出了人工智能会带来的控制问题，并敦促读者朋友们认真对待这一问题，即便我们在努力创造人机共融体。我们需要考虑一下法律可以采取哪些措施来管理这些人工智能增强功能会带来的风险。法律往往反映了风险偏好，因此需要对比预防原则与更传统的成本收益分析风险管理。我们建议使用前者来应对人工智能带来的风险。我们深入探讨了造假问题，以说明人工智能可能给立法者带来的挑战。鉴于人工智能控制的数据隐私和安全性问题变得越来越紧迫，依靠人工智能有可能将消费者数据变成武器。人工智能决策的黑匣子性质，以及人工智能系统内根深蒂固的偏见也给传统法律观念的责任和过错判断带来负担。

第7章：**打破范式**。描述了从即插即用模式的传统技术中分离出来所需的四个转变。人机共融体是由技术驱动的，但仍然是以人为中心的。遵循意向性、整合性、可行性和指示性的"4I"原则，可以创建一个"1+1"的组织。从利润到目标，从孤岛到集成，再从严格的绩效指标到理想指标，有关技术在劳动力中的角色的范式转变为人机共融体奠定了基础。

第8章：**突变**。预见人机共融体近在眼前。以人为中心的导向、扁平而流畅的组织结构、创新创业文化以及企业层面的自我意识，这些都定义了人机共融体的基本特征，并将其与传统的商业结构区分开来。我们认为对现有组织结构进行有目的的、任务驱动的改进，便于创造一个支持突变的文化和技术生态系统，这是很有必要的。我们引入了人单合一和合弄制的概念作为扁平和流动组织结构的例子。卡斯帕罗夫定律的三个变量——人、机器和过程——需要围绕企业的意向统一起来。人机共融体能够在体验经济中提供出类拔萃的产品和服务，因为它是由人和机器、工人和消费者共同创造的。通过其可渗透的组织边界汲取智慧，"人机共融体"将创新迅速推向市场。人机共融体最终拥有的是企业层面的自我意识，而不是商业转型。这是业务突变，即动态适应进化压力的转变。

第9章：**关于人机共融的"反思"**。预测这一切将走向何方。总结了一些关于企业未来的发现，提供了一些规范的思考：管理人员能够并应该做些什么来引导这一转变以创造人性化的超智能。回顾了围绕这一新学科组织的教育课程的变化，以使各教育阶段的学生做好准备。最后，对人机共融时代的未来进行展望。

4. 小结

为了将这个项目与博斯特罗姆区别开来，我们提出集体超智能不仅更有可能，而且比个人超智能更可取。我们提出了一种以卡斯帕罗夫定律为动机的超智能的组织网络理论。普通人与普通计算机，经过正确处理相结合，可以胜过人类天才和超级计算的简单组合。在此过程中，我们对技术、哲学、心理学、经济学和其他学科进行了调查，以帮助阐明这一多学科交叉的研究领域。

我们并没有被电影《永无止境》（*Limitless*）中的NIT药丸这样的银弹效应突破或被某些为通用人工智能编写脚本的天才程序员所吸引。我们甚至不认为，开采彩虹尽头的金矿需要雇佣最好的人力资源。我们提供了一张蓝图，通过采用现在可用的人力和技术资源，实施某些流程来有效地管理这些资源，并运用卡斯帕罗夫法则，将平凡变成非凡。以某种方式将人类和机器结合起来，能够产生将人类带入既健康又人性的未来的"人机共融体"。

我们的核心理念是企业可以有思想。因此，企业可以并且应该追求超智能来改善我们的物种。这是一个崇高目标。全神贯注于人工智能的崇高目标，总比仅将人工智能用于娱乐要好很多。

目录

第1章
Chapter 1

第四次工业革命

前三次工业革命将人类从体力劳动中解放出来、使大规模生产成为可能、并给数十亿人带来了数字化技术。然而，第四次工业革命是完全不同的，它的特点是一系列融合了物理、信息和生物科技的新技术，影响所有学科、经济界和产业界，甚至促使人类反思"人到底是什么"。由此产生的转变和混乱，意味着我们生活在一个既充满希望又面临巨大危险的时代。

——克劳斯·施瓦布

世界经济论坛创始人和执行主席、《第四次工业革命》一书的作者

未来10000家初创企业的商业计划很容易预测：人工智能+X。

——凯文·凯利

《连线》的创始人、《全球评论》的出版商

1.1　"深蓝"

1997年，加里·卡斯帕罗夫已经是世界上最伟大的棋手。在年仅22岁时，他已经是世界最年轻的国际象棋冠军。自20世纪80年代以来，他一直击败计算机，1996年刚刚战胜了早期版本的IBM超级计算机"深蓝"。1997年他打算再比一场。

加里自信地参加了比赛，他被认为是不可战胜的。现在，在全球观众面前，与"深蓝"进行决定性的第二场比赛中，加里明显变得沮丧。他坐立不安，摇摇头，等待对手的下一步行动。仅进行了19步之后，观众就看到加里跳起来并离开了赛场，他被一台计算机击败了。

与"深蓝"的比赛使卡斯帕罗夫陷入了哲学思考。

"我第一次看到人工智能是在1996年2月10日，美国东部时间下午4点45分，当时在我与'深蓝'的第一场比赛中，它将一枚棋子推到一个方格上。这是一个奇妙的、极其人性化的举动……人类一直都在做这种事情。但是电脑通常会在规定的时间内尽可能地计算出每一种方案……所以我被这种弃卒的举动惊呆了。这意味着什么？我玩了很久电脑，但从未经历过这样的事情。我能感觉到，桌子对面的是一种新的智慧。当我尽我所能完成剩下的比赛时，我输了；在接下来的比赛中，它下了一盘漂亮、完美的国际象棋，并轻松获胜。后来我发现了真相，'深蓝'的计算能力是如此之强，以至于它实际上计算了弃卒后再移动六步的每一种可能的方案。它根本没把弃卒视为牺牲。所以问题是，如果'深蓝'和我出于完全不同的原因做出了相同的动作，是否意味着它做出了智能的动作？一个行动的智能与否取决于是谁（或什么）采取的吗？"

"深蓝"对决史上最伟大的人类棋手的胜利是否标志着人工智能在游戏方面体现出了"超人"的智能？

　　一个特殊用途的下棋算法是极其局限的，"它会下棋，但它别无他用。"我们应该牢记人工智能显著的狭隘性——即使在脑力方面的某些领域达到了超人的水平，那种能力也不一定会转化为任何其他领域的智力活动。

　　然而，不要忘记人工智能在其优势领域独特而非凡的专注力及冷静的韧性——"深蓝"在遭遇对手令人吃惊的举动时不会情绪激动。用卡斯帕罗夫的话来说，"如果我没有在第二场比赛中崩溃并过早放弃，结局就不会那么难堪。不仅仅是我提前放弃的错，让它打破我的冷静才是真正的致命错误。"除非是高温极端条件，否则电脑不会受"精神紧张"或"情绪压力"的影响。

　　如果把不稳定的人类智慧与局限又严密的人工智能结合起来，我们将得到什么？目前人工智能算法的适用性既小又不灵活。像"深蓝"一样，人工智能也遭受"缺少其编程目标以外的能力"的困扰。换句话说，"专业知识不一定能转化为理解能力，更不用说智慧了。"

　　尽管如此，这仍然是一个革命性的时刻——全世界开始看到了会思考的机器的能力。IBM超级计算机"深蓝"是一台能够每秒处理超过1亿位数的机器，任何人都无法做到。

1.2　卡斯帕罗夫定律：过程的胜利

　　在"深蓝"比赛的余波中，卡斯帕罗夫被激发去分析人类和机器之间潜在的互动和协作，"如果机器与人类不是对立关系，而是合作关系呢？1998年西班牙里昂的一场比赛，我们称之为高级国际象棋锦标赛，每个玩家都有一台计算机，以便在游戏中运行国际象棋软件并执行棋手的命令。这个想法是为了创造有史以来最高水平的国际象棋比赛，以及一个最好的人和机器的综合体。"

　　这个实验的结果既可预见又令人惊讶。可以预见的是，能够获得机器支持的人类不太可能犯战术错误，因为计算机能够以超出人类能力的速度和精确度分析战术。这反过来又释放了人类玩家在战略分析和创造性思维上的思维带宽，而不是使用宝贵的（也就是说，有限得多的）脑力对棋盘上的各种排列进行劳动密集型计算。在这种情况下，卡斯帕罗夫也失去了竞争优势，即便他的计算能力和准确性（相对于其他人）在国际象棋选手中可能是无与伦比的。

在都可以使用计算机的情形下，计算能力更强的人就失去了优势，因为计算机在这个维度上具有均衡效应。因此，在计算机的帮助下，在所有其他条件相同的情况下，具有更强创造力和战略分析能力的人将会占上风。

另一个可预见的结果是，将业余棋手和普通计算机结合在一起的团队胜过了没有人类队友的国际象棋专业计算机。"人类的战略指导加上计算机的战术敏锐性是压倒一切的。"

但是，随着高级国际象棋锦标赛进入高潮，发生了一些令人惊讶的事情。基于上述内容，如果推测高级国际象棋锦标赛的冠军由若干位大师（伟大的人类国际象棋棋手）与若干台功能强大的国际象棋专业计算机组成，那你就错了。

获胜的队伍实际上是由两名业余棋手与三台普通计算机组成的团队。冠军得主是业余棋手史蒂文·克莱姆顿（Steven Crampton）和扎克瑞·斯蒂芬（Zackary Stephen），"他们是在美国新罕布什尔州的一家当地俱乐部认识的棋友，"他们"花了几年的时间磨炼棋艺"，但仍"有日常工作，并且在国际象棋界无人知晓"。史蒂文和扎克瑞在参加比赛时，遇到了不少"由计算机辅助的特级大师组成的队伍"。根据历史先例和竞争环境优势分析，他们本应该输的。但通过一种独特的方法，他们获胜了。

史蒂文和扎克瑞碰巧开发了一个数据库，里面存有他们自己四年多的个人策略数据。这个数据库显示了"当面对相似情况时，两个玩家中哪一个通常会取得更大的成功"，因此他们知道什么时候应该听从队友，什么时候应该主动决策。他们遵守允许使用个人计算机的规则，通过运行优化算法对棋盘布局进行优化，以确定在每种布局状况下两人中的最佳人选。

其中的一位棋手说，他们成功的秘诀在于，"我们有很好的方法来决定什么时候使用计算机，什么时候遵从人类的判断力，这提升了我们的优势。"

这一令人震惊的结果表明，"在下国际象棋时，某些人类技能仍然是机器无法比拟的，聪明地、团结合作地运用这些技能可以使一个团队战无不胜。"

我们认为高级国际象棋锦标赛的结果远远超出了国际象棋的范畴。卡斯帕罗夫对出人意料的结果的总结实际上就是本书的主题："聪明的流程设计战胜了卓越的知识和技术本身"。当然，"聪明的流程设计"并没有使知识和技术过时，但效率和协调可显著改善结果。

在卡斯帕罗夫定律中，我们可以将这种观点表述为："弱的人+机器+更好的流程优于强的计算机本身，优于强的人+机器+更差的流程。"

这本书的目标之一是阐明这个"更好的流程"在企业层面是什么样子的。即使是国际象棋爱好者也可以理解，这种人机合作并不局限于国际象棋，可以延伸到诊断医学和制造业等领域。普通的（"弱的"）人类如何结合普通的（"弱的"）机器来获得非凡的结果？答案是"使用更好的流程"，本书第7章和第8章将对此进行阐述。

我们不一定需要通过成为天才或者获得量子计算机的能力等方式来获得非凡的结果。我们只需要遵循卡斯帕罗夫定律。使用普通的人类和普通的机器，结合更好的流程，我们就可以创造非凡的结果——人机共融体。这就是本书的目标。

1.3　镇上的新孩子

尽管蓝领和白领的失业率不尽相同，但有一个共同的观点：机器将取代人类的各种工作。我们可称之为"信息技术浪潮"，因为计算机、机器人、自动化机器等正在吞噬着人类的工作机会。在机器革新的每段进程中，越来越多的工作似乎是"唾手可得的果实"，很容易被机器取代。"信息技术浪潮"有望引发一场大规模的变革，给世界带来翻天覆地的变化，其深刻程度不亚于电气化的出现所带来的变化。

研究表明，即便自动化在未来十年内能完全淘汰的职业是极少数的，但它或多或少地会影响几乎所有的工作，具体取决于这些工作的类型。除非法律禁止，否则基本不存在"工作是神圣不可侵犯的"理论，机器可以取代任何工作!

机器人可以当美国总统吗? 如今，对于这个职业来说，似乎没有什么争议。《美国宪法》第二条第一款规定:"除出生地是美国的公民或满足本宪法规定的美国公民外，任何人不得担任总统; 凡不满三十五岁且在美国境内居住不满十四年者，均无资格担任总统。"乍一看，我们不能选举机器人担任总统，因为机器人不是"天生的公民"。

但是，我们只需要一点点解释空间即可满足这一点。"出生"一词是否包括"组装"? 如果是，那么一台在美国组装的机器人就是在美国"出生"的。

我们可以通过赋予机器人公民权的法律吗? 类人AI机器人"索菲娅"已被沙特阿拉伯授予公民资格，因此，机器人具有公民身份是可能的。

据此，一个在美国组装并依法获得公民身份的机器人，已经存在了不少于35年，并且在美国领土范围内已经存在了不少于14年，理论上可以竞选总统。

这并不是说"机器械总统"（President Tron）一定会有很大的机会成功驾驭政治局面，但理论上，这是可能的。35年的时间足够利用大量政治数据完成升级并完善人工智能算法。

想象一下，一个机器人的大脑中运行着IBM沃森计算机，在任何给定的政治时刻都能够完美把握谈话要点，并加以优化以说服大量选民。这个假设只是为了说明: 任何工作，甚至是美国总统，理论上都可能被机器取代。因此，我们最好要做好准备，迎接席卷公司各部门和各层级的"信息技术浪潮"。

达登商学院工商管理系教授兼首席执行官艾德·赫斯（Ed Hess）说，"因为人工智能将是一个比任何人都强大得多的竞争对手，我们将陷入一场疯狂的竞争以保持自己的地位。这就要求我们将认知和情感技能提升到一个更高的水平。"

赫斯说，"不幸的是，正是这些让人类在与机器人的竞争中取得成功的特质——创新思维和情商——被我们天生的认知和情感倾向所阻碍，我们是寻求确认的思考者和寻求自我肯定的防御性推理者。"

我们将花更多的时间来培养开放的心态，并根据新的数据不断更新我们的信念。我们在实际中会根据错误进行调整，会在与情商相关的传统技能上投入更多注意力。新智能将试图克服批判性思维和团队合作的两大障碍：自我和恐惧。这样做将使我们更容易感知现实，而不是我们希望的那样。简而言之，我们将拥抱谦逊。这就是使人类在智能技术的世界中增加价值的有效方法。

我们根本无法在处理速度、计算精度、基于大数据集的模式识别和每秒计算能力等方面与机器竞争。我们需要认识到，在这些维度上，竞争永远是不公平的。

让我们把注意力转移到我们可以竞争的地方。赫斯建议我们重新定义"智能"，"不是由你知道是什么或怎么做来决定，而是由你思考、倾听、联系、协作和学习的质量来决定"。用一句话来说，赫斯建议将谦逊作为救生筏，以避免淹没在"信息技术浪潮"中。

人工智能已经以多种形式出现。当前，在我们生活的世界中，可以见到具有智慧文本输入法和语音识别功能的智能手机、数字化家用立体音箱及自主导航扫地机器人。最近的一项研究预测，到2055年，分析技术、人工智能和自动化技术将取代如今一半的劳动力。

从某种意义上来说，那些熟悉AI研究的人可能会发现这些预测很有趣。自20世纪40年代计算机问世以来，人们认为类人机器智能（也可称为强人工智能）的"预计到来时间"大概在20年后。这种预测出现的频率现在正在降低，大约每几年出现一次。"20年是预言彻底变革的最佳时机：近到足够吸引关注和切中要害，又远到足以让人们想象真的可能会出现一系列目前隐约可见的突破"。

不管强人工智能将在哪一年到来，我们都不能忽视自动化已经开始取代人力这一事实。牛津大学的另一项研究预测，每两个工作岗位中就有一个将实现自动化。在随后的章节中，我们将更多地讨论与劳动力转移有关的问题。换言之，机器人将在服务行业、制造业、警务和军事领域、运输和物流领域，甚至在讨论较少的领域（但同样重要），彻底改变工作场所和劳动力。

数学和计算机科学家兼科幻小说作家维诺·文奇，也许是预测人工智能灾难性最早的预言家。他提出"奇点（Singularity）"这个术语，即在我们创造出比人类更强大的智能之后发生的转折点。我们避免使用术语"奇点"来描述人与机器的结合。我们不是在贬低库兹韦尔或文奇。我们用"结合"和"整合"来反对"奇点"，因为"奇点"有一种末日狂欢的意味。

根据文奇的说法，当"奇点"发生时，"人类历史将达到智力转变的某种节点，就像无法穿透黑洞中心的时空节点一样，世界将远远超出我们的理解"。一旦"创造出超（人类）智能的技术"，将突破人类智力的"奇点"，"此后不久，人类时代将结束"。

虽然听起来不妙，但事实并非如此。人类时代的结束也可能意味着人类的生活在对核战争造成的破坏、饥荒和环境恶化的恐惧中结束。由于超智能同时将给我们带来安全、繁荣和富足，这是避免上述这些恐惧，并开始过上有尊严的、和平的生活所必需的。

我们对所谓的"人类时代结束后"的时代持乐观态度，因为这将是人机共融的时代。即便如此，上述这些预测既令人吃惊，同时也预示着各种形式的社会经济灾难。

这本书的主要目的并不是确认自动化或超智能带来的各种风险或好处，也不是指出潜在的安全问题（如普遍的基本收入或将回归更为卢德式的存在模式）。如果遵循卡斯帕罗夫定律，创造出人机共融体，我们将更好地应对这些挑战。我们只是想当然地认为，这些变化正在到来。并在这样一种假设下，需要一种不同于以往的方法来教育未来的工人，重新组织企业结构来获得新世界的竞争力。请记住卡斯帕罗夫定律的含义：我们不需要成为天才来提高我们的表现，我们只需要更好的流程。

关于企业如何改进流程的细节可以在本书的最后3章（第7章到第9章）中找到。为了奠定基础，我们首先在第3章到第5章中探讨：人和机器之间的共生关系，并将各自的能力发挥到极限。

1.4　现代人工智能"大爆炸"

图形处理器公司英伟达的联合创始人兼首席执行官黄仁勋（Jensen Huang）表示，英伟达长期以来一直在宣传人工智能的应用。英伟达最初专注于游戏领域，这自然使其对"改进计算机图形，当然，还有物理模拟（无论是有限元分析，还是流体模拟或分子动力学）"感兴趣。这基本上是牛顿物理学。具有讽刺意味的是，最初纯粹由娱乐驱动的事物已经变得与商业和企业息息相关。

随着人工智能技术应用的发展，创新的内容也在不断发展。正如黄仁勋所说："首先，摩尔定律的速度确实变慢了。因此，GPU 加速计算给后摩尔定律时代带来了生机，不断扩展了计算能力，从而使这些急需更多计算资源的应用程序得以继续发展。同时，GPU 的影响范围越来越广，远不止今天的计算机图形学。已经涉及计算机图形学、虚拟现实、增强现实，以及各种有趣而富有挑战性的、需要物理模拟的领域"。

起源于视频游戏等这些不起眼的应用，英伟达的技术以及一般的 AI 技术已经从牛顿物理学转变到量子力学的新范式，这是计算领域的一次巨大飞跃。黄仁勋认为："当今世界上几乎每台超级计算机都具有某种形式的加速，其中大部分来自英伟达。量子化学和量子力学方面的大量研究……结合现有的大量数据以及高处理能力的深度学习，共同成为所谓的现代人工智能'大爆炸'"。

黄仁勋认为英伟达正在为微软、Meta 和其他公司提供支持，因为"AI 正在吞噬软件。可以这么认为，AI 就是现代软件的主流方式。将来，我们将看到软件会随着时间推移而不断学习，能够感知、推理，甚至计划行动，并随着我们的使用而不断改进。这些机器学习方法，这些基于人工智能的方法，将定义未来的软件开发方式。就如同现在几乎每个初创公司都在做软件，甚至非初创公司也都在做自己的软件。同样，未来的每个创业公司都将拥有 AI"。

人工智能应用的一大突破是，将来任何机器都将包含一定程度的人工智能。黄仁勋认为，"人工智能不仅仅局限于云智能或驻留在功能强大的巨型数据中心，汽车、无人机，甚至麦克风，几乎每种电子设备将来都会内置某种形式的深度学习功能。我们称之为边缘人工智能。最终会有数以万计的装置，如自动售货机、麦克风、相机，甚至房子等都将具有深度学习能力"。

1.5 "耐机器人的劳动力"：拥抱莫拉维克悖论

人工智能研究人员已经给人与机器之间看似相反的能力关系起了一个名字——莫拉维克悖论（Moravec's Paradox）。莫拉维克悖论认为，尽管AI现在可以完成许多需要"思考"的智力任务（如数学），但AI很难做到人类"不经思考"就能轻易做到的事情（如凭直觉判断他人的情绪状态）。

莫拉维克在1988年出版的《智力后裔：机器人和人类智能的未来》一书中写道：

"关于世界的本质以及如何在其中生存，十亿年的经验被编码在人类大脑巨大的、高度进化的感知和运动部分。我认为，我们称之为推理的这一深思熟虑的过程实际上是人类大脑最薄皮层的作用，之所以有效，只是因为它得到了这种更古老、更强大的（尽管通常是无意识的）感知和运动意识的支持。人类在感知和运动领域都是不可思议的顶尖选手，人类如此优秀，以至于把困难的事变得容易。然而，抽象思维是一种新技术，其存在可能还不到10万年，因此我们还没有完全掌握它。本质上它并不困难，当我们这样做的时候，似乎就是这样起作用的。"

已经进化了数百万年的技能使我们无意识地、本能地做事情，如识别一张脸、在空间中移动、判断人们的动机、接球——或者本能地躲避扔向我们的物体。

一方面，感知、想象、运动和社交等是我们花费了很长时间才进化出来的技能。直觉，如设定目标和本能地关注有趣且不同的事情，需要数百万年才能获得。人类进化出了本能和直觉，因为人类通过了新达尔文主义"物竞天择"的考验，这种反应又被性、暴力、死亡和奖励所强化。另一方面，像数学和科学推理这样的技能对我们来说更难掌握，因为它们最近才出现在人类进化的时间轴上。

博斯特罗姆教授提出了一个假设，解释了为什么研究人员擅长创造在逻辑认知功能方面超越人类的机器，但是创造能够在感知、运动、常识和语义理解方面与人类能力相匹配的机器则极具挑战性。

"我们的大脑有专门的"软件"来实现这些功能——经过自然进化不断优化的神经结构。相比之下，逻辑思维和下棋等技能并不是与生俱来的，因此，也许我们被迫依靠有限的通用认知资源来完成这些任务。也许当我们进行明确的逻辑推理或计算时，我们的大脑在某些方面类似于运行的"虚拟机"，一种缓慢而烦琐的通用计算机的智能模拟。有人可能会说，与其说一个经典的人工智能程序在模仿人类思维，不如说，一个具有逻辑思维的人在模仿AI程序。"

为了超越自然进化过程赋予我们的现有能力，我们需要通过教育将人类的发展掌握在自己手中。

具有讽刺意味的是，在过去一千年左右的教育中，遵循耶稣会传统主要强调亚里士多德的推理——定义、区分、演绎，以及对数学和科学的追求。直到现在，我们才应用这些技能来制造远超过我们自身推理能力和信息处理能力的机器。现在看来，我们建立了一个亟须升级的教育机构，因为它正在培养我们的能力，而这些能力却远远低于机器。为什么要在一场人类天生就无望取胜的比赛中训练呢？

在2017年新英格兰高等教育委员会峰会上，美国东北大学校长约瑟夫·奥恩就高等教育机构面对这些颠覆性的技术进步所面临的选择做出了评估：接受现实或被淘汰，商业组织亦是如此。

按照奥恩的说法，教育机构对这一迫在眉睫的危机的理性反应是，通过运用他所创立的一门新的教育学科：人文科学，来促使人类成为"耐机器人的（Robot Proof，即可以与机器人并肩工作，不担心被替代）"。

教育机构应该接受莫拉维克悖论，而不是试图与之对抗。奥恩的理论将是朝着正确方向迈出的一步。

人文科学：培养学生从事未来只有人类才能做的工作。它通过有目的地将技术素养（如编码和数据素养）与人文素养（如创造力、伦理、文化敏捷度和企业家精神）相结合来实现这一目标。当学生将这些素养与经验相结合时，他们将知识与现实生活环境相整合，从而实现深度学习。体验式教学是一种强有力的人文科学课程教学方式。

人文科学教会我们如何与高科技一起工作，同时强调了我们独特的人类优势。这种混合教育策略将使我们能够完成最聪明的人或最先进的人工智能系统都不能单独做到的事情。我们在这本书中所做出的努力，是为了进一步实现奥恩的目标，即不仅在教室里，而且在办公室里，也推广人文科学。

公平地说，即使是在人工智能研究和实践前沿的人，也仍然相信人类在一些最重要的工作中是不可或缺的。例如，国际商用机器公司研究部主任约翰·凯利三世认为，在未来一段时间内，需要更高层次的批判性思维、创造性思维、创新能力和高度情感投入的工作将需要由人类来完成。当然，通过利用"认知系统"，人类在这类工作中的表现将会得到极大提高，决策者能够通过大数据分析做出最佳决策。

卡斯帕罗夫所表达的观点呼应了奥恩所呼吁的教育政策改革的紧迫性："我们的教室看起来仍然如百年前一样，这并不奇怪；但荒谬的是……富裕的国家对待教育的方式和富有的贵族家庭对待投资的方式一样。长期以来，现状一直不错，为什么还要自找麻烦？人们普遍的态度是教育太重要了，所以不能冒险。我的回答是，教育太重要了，所以不能不冒险。"

1.6　机器不是万能的

我们正处于一个迷恋于不断发展的技术能力的时代。然而，仍然是人类——高管、经理和其他决策者——使用算法的输出在组织中做出决策。这些决策者将人类判断、个人性格、观点和偏见带到决策过程中，决定如何使用分析产生的输出。例如，美国联合包裹运送服务公司（UPS）的司机被授权可以推翻路线优化算法。

在新世界，人类和技术经常被视为竞争对手。然而，现实情况要更加微妙，应该以谨慎乐观而不是恐惧的态度来看待，就像一个人所具备的优点说不定是另一个人的缺点。机器学习和机器人等自动化技术在日常生活中发挥着越来越大的作用，并对工作场所产生巨大的潜在影响。今天，自动化已经广泛应用于重复性制造活动。机器人也能管理工厂，他们还可以在手术室与医生并肩工作，查看 X 光片，并进行医学诊断。分析技术被广泛应用于欺诈检测、自动驾驶等领域。

的确，机器在重复性和非重复性任务方面都比人类要优越得多。它们精确、有力，而且不知疲惫。人类不够精确、过于自信，并且倾向于相信自己的直觉，存在很大偏见。

然而，所有的机器智能都建立在数据的基础上，并且只有建立在有效数据基础上的机器智能才是好的。机器不擅长"开箱即用"的思考。机器既没有创意，也无法开发创新的解决方案。试想，机器应用的算法如何能策划创新策略或独特的营销活动呢？它们也许可以识别狗的照片，但是它们也可能会混淆腊肠狗和热狗，且不能推断腊肠狗是宠物，而热狗是一种食物。

语境是重要的，而机器不懂语境。想想"断腿问题"，基于历史数据，预测某个人在某一周去看电影的概率可能非常准确。但是，如果这个人意外骨折了，那么这个模型应该被放弃。"断腿问题"表明了注意语境的重要性。我们也许可以用历史数据来预测概率，但是如果我们不了解背景，预测就会失败。显然，如果没有这些信息，算法将会偏离轨道。由于上下文发生了变化，提供给算法的所有数据突然变得无关紧要。

事实上，在当今快速发展的经济中，"断腿问题"经常发生。需要理解上下文并提供解释的情况只是当今商业环境的一部分。这可能是一场导致推迟发货的风暴、一场政治事件、一个竞争对手推出的一种新产品，或者一场工会罢工。如今，公司在动荡的市场和环境中运营，"断腿问题"也成了公司日常的一部分。如果事实与预测所基于的数据完全一样，算法则可以提供一个更好的答案。然而，当环境和语境发生变化时，算法就变得无能为力了。

机器确实更强、更好、更快、更精确。但是人类有直觉、有创造力，并且能够理解上下文的语境。利用两者的优势并找到他们合作的正确方式才是成功的秘诀。这就是这本书的内容。从各个方面来看，在各种"思维"过程中，机器比人类更强、更好、更快、更精确。机器能评估客户的信用卡风险、发现欺诈、驾驶飞机和汽车，还可以通过阅读手写特征对邮件进行分类，给学生的论文打分，通过比较图像来诊断患者的疾病等。

许多享有广泛商业应用的发明都出于纯粹的人性。虽然偶然的好运、乐趣和幽默对计算机来说是陌生的概念，但它们确实推动了许多发明。

想想便利贴的发明。便利贴在办公室中无处不在，但它们是通过创造、创新和开放的思维发明的。1968年，3M公司的科学家斯潘塞·西尔弗博士正在开发一种超强黏合剂，但意外地发明了一种"低黏性"的可重复使用的黏合剂。这是一个"没有问题的解决方案"。尽管他在3M内部推广了它，但这种可重复使用的黏合剂并没有明显的用途。后来在1974年，他的同事亚瑟·弗莱（Arthur Fry）在教堂唱诗班唱歌时，想到用它作为书签，放在他的赞美诗集里，因为这种低黏性黏合剂在使用中不会撕破赞美诗集中精美的圣经纸。就这样，便利贴诞生了。如果不是因为3M员工在现实世界中的生活经历，就不会有这种低黏性黏合剂的新奇应用。我们无法依靠机器来进行这样的发明。

糖精是最古老的人工甜味剂，它的发现是怎样的呢？这是约翰·霍普金斯大学的一名研究员在午餐前忘记洗手时偶然发现的。他不小心把一种化学物质洒在手上，发现它让他吃的面包变甜了。这是一个"顿悟的时刻"，糖精诞生了。最初被推广的速度很慢，但在第一次世界大战期间，当糖被定量配给时，它得到了广泛的应用。随着注重饮食的消费者的增加以及低糖和无糖软饮料的生产，它的受欢迎程度猛增。如果没有意外发现糖精具有甜味，甜甜圈就不会存在。机器可不会午休和吃午餐，因此不太可能偶然发现新的味道。

那有趣的弹簧玩具呢？这个想法是在1943年由海军工程师理查德·詹姆斯提出的。他当时正在研发一种可以支撑和稳定船上敏感设备的弹簧。其中一个弹簧意外地从架子上掉了下来，并继续弹动。詹姆斯认为这种弹动方式既轻快又有趣。从那时以后，"机灵鬼"弹簧玩具已经在全球范围内售出2.5亿台。人工智能并不能够识别人类所感知的"乐趣"，人类才能做到。

背景环境、创造力和创新是这些例子所具有的共同点。今天的技术可以让我们在处理重复性任务时的效率提高100倍。在世纪之交，技术改变了农业，把人类从繁重的农业劳动中解放出来。而今天，技术正在把我们从重复的任务中解放出来，使我们成为使用电子表格的受益者，我们不再需要进行例行文件内容审核、文字和语法拼写检查以及简单数学分析和统计等简单且繁复的任务。当然，技术的目标不仅仅是更快地处理这些电子表格；更是为了解放人力资源，使人类能够更好地完成那些机器根本做不到的、创造性的、创新的、内容环境驱动的任务。

技术可以取代重复性的事情。因此，我们可以越来越专注于创造性的工作。或许，当我们更多地把聪明的员工从当前工作和生活中的重复性任务中解放出来时，我们就能发现更多神奇疗法、开发可再生能源、并找到增加人类幸福的方法。技术解放了我们的创新能力，并为商业创造了巨大的机遇。

1.7　比失业更糟糕的事情

随着科技接管了我们的生活，人们对自动化技术产生了巨大的焦虑，担心人类的工作会像马被蒸汽机取代一样，我们会因为科技进步而变得贫穷。

我们称这种取代为"外包（Botsourcing）"，这是机器版的外包，即将最初由现有内部资源交付的工作、货物或服务承包给外部供应商，外包通常是为了降低成本或提高质量。同时，外包取代了内部劳动力。

对于每一项被机器取代的工作，由于质量、生产率的提高，很可能会导致有更多的工作要做，或者创造更多的财富。蒸汽机的发明导致了人力交通的崩溃，但也增加了社会财富，甚至创造了迄今为止难以想象的各种工作。

我们理解对机器版的外包的担忧，但这并不完全是一种生存威胁。我们对人工智能在企业中的冲击的担忧更深。也就是说，机器、机器人、人工智能和一般的技术将会接管人类的控制任务。

换句话说，人工智能的进步带来了所谓的"控制问题"。我们想建立一个超越人类能力的超智能系统（这样我们就可以利用这种新的力量），而不会无意中对这个领域造成不可阻挡的威胁。

人们普遍担心，机器不仅会以一种恶性的方式取代劳动力，即导致贫困和匮乏，而不是增加自由和财富，更糟糕的是，机器会接管世界。

正如博斯特罗姆所说的那样。

第一，最初的超智能可能获得决定性的战略优势。这种超智能将会形成一个单独的个体（也就是说，一个没有自然竞争或制约其力量的实体），并塑造地球起源的智能生命的未来。从那以后会发生什么，将取决于超智能的动机。

第二，正交性命题表明，我们不能轻率地假设超智能必然会获得与人类智慧和智力发展相关的最终价值观——好奇心、对他人的善意关怀、精神启迪和沉思、放弃物质占有欲、对高雅文化或简单生活乐趣的品位、谦逊和无私等品质。

第三，工具趋同论意味着，我们不能轻率地设想超智能……会以不侵犯人类利益的方式限制其活动。在许多情况下，一个有最终目标的超智能（机器、机器人、人工智能和一般的技术将会接管人类的控制任务）会有一个收敛的工具性理由，以获得无限的物质资源，如果可能的话，还能消除对其自身或目标系统的潜在威胁。人类可能构成潜在威胁；当然人类也可以算作物质资源。综上所述，这三点表明，超智能可能（导致一种结果）使人类迅速灭绝。

至少可以说，人工智能会出现一个危险的转折，变得对它的创造者产生敌意，这是一个令人担忧的场景。可以通过阻止超智能获得决定性的战略优势来防止其发生。例如，通过建立限制和竞争来防止单一模式的形成，或者将超智能的目标塑造为被广泛接受的人类福祉。如果我们以一种认真的方式来构建人机共融体，那么技术将使我们的生活更有效率并能提高生产力，且能帮人类维护诸如和平、自主和健康等关乎人类福祉的价值观。随着日常工作任务被机器接管，人类可以过上更有意义的生活，从单调的例行任务中解放出来，并被赋予更聪明、更快捷和不知疲倦的分析引擎资源。

想想看，随着时间的推移，机器已经取代了人类的工作，从农业到工厂。机器也在接管办公室。和过去一样，在人工智能的支持下，将由人类创造更多的工作和行业。随着人们从工作岗位中解脱，我们需要找到新方法来赋予我们生命的价值，成为社会中有生产力的一员，或者至少找到方法来享受最近一波失业浪潮所带来的财富。真正的风险在于，我们忽视了恶意应用技术的风险。随着技术的进步，我们操控环境的能力也在提高，与此同时，我们有责任引导更多的企业走向公正的未来。

1.8　人机共融体：人、流程和机器

"人机共融体"意味着优化的人机关系，人和技术无缝地协作。这种混合劳动力创造了一个无与伦比的行业领导者团队，利用技术来补充和增强人类决策。

人工智能和先进的机器人战胜人类已不再像1997年"深蓝"打败卡斯帕罗夫时那样令人震惊。今天，我们已经习惯了自动驾驶汽车、自动售货亭和自助收银机。我们把下一次变迁的消息视为既定事实：硅技术浪潮是一股不可避免、不可抗拒的力量，只需要足够长的时间，其就能在各个层面上超越所有行业。

但是我们可以采取一些措施来减轻这种转变带来的痛苦。在某些领域，机器接管并没有什么意义。技术和人经常被视为竞争对手，技术有可能取代人类劳动力。既然有些替代可能是不可避免的，那么关于未来工作的讨论可以转向通过基本收入来弥补劳动力被机器替代所带来的损失，并对机器加收生产征税。

需要明确的是：我们不寻求减少机器取代人类劳动的现象，也不寻求解决由这种取代产生的社会问题和经济问题。这些都是政治问题，因此需要政策解决方案。然而，还有另一种情况，即企业在技术和人员之间创造协同效应，利用一方面的优势来弥补另一方面的劣势。

在本书中，我们用"机器"这个术语来涵盖正在改变我们工作和生活方式的所有技术。这包括所有形式，如分析和决策技术、处理技术、机器人技术、通信技术，以及云计算和区块链等。正如前文中所描述的，我们的重点不是物理机制，而是计算机制。当然，各种技术之间有着巨大的差异。然而，就我们的目的而言，共同的要素是这些智能技术已经渗透到商业的各个方面。这些技术正在从根本上改变商业运营、商业竞争和创新的方式。

谷歌和亚马逊等企业展示了人机共融体的特征。然而，机会并不仅限于这些科技巨头。从大型传统企业到中小企业，再到初创企业，每个企业都可以做到这一点。

技术可以在每一个企业功能上提供竞争优势，从定位营销到细化采购渠道和优化供应链库存等。然而，今天的科技巨头——苹果、亚马逊、谷歌、Meta和微软，正在以协调的方式做这些事情，以此作为嵌入企业文化的总体战略的一部分。他们正在努力寻找人和技术的最佳结合方法。明确地说，我们并不是将这些公司树立为典范，我们只是用它们作为例子，从而说明前沿领域正在发生的事情。

1.9　如何到达那里

通过这些例子，以及我们为本书调研、采访或参观的众多企业，我们介绍了最佳人机合作关系的基础，并为企业如何实现这一目标提供了路线图。

我们采访过的大多数企业都遵循即插即用的技术方法。他们关注的主要问题是：

- 我们应该采用哪些技术？
- 我们的竞争对手在做什么？
- 我们如何成为一个"数字化企业"？
- 我们将如何支付，投资回报率是多少？

这是一种错误的方法。人机共融体需要人、流程和技术的融合。这三个要素持续改进和适应的共生关系是第四次工业革命成功的必要条件。

将技术叠加在糟糕的流程之上只会让过去的低效具体化。基于竞争对手的所作所为来选择技术是愚蠢的，因为他人的战略、路线图和时间轴不一定与你的相匹配。

最终，是人来实现这一转变。

构建人机共融体需要正确的领导。许多企业都设立了首席数据官（CDO）、首席技术官（CTO）的职位，或者至少一个领导角色，负责研究如何实施人工智能。他们为公司的营收负责，是执行委员会的成员，是技术的唯一责任人。

领导者是制定战略并阐述令人信服的愿景的人。他们也是创建支持企业变革或过程实施所需文化的人。

同样重要的是人才选拔，招募那些渴望创新、成长、精通数据的人，并留住这些人才。工资待遇不是一切。SAS分析公司一直位于《财富》杂志最适宜工作的公司之列，但其薪酬水平在同行业中仅处于中等水平，所以员工留下来是因为文化、福利和生活便利，而不是因为他们在其他地方拿不到更多的工资。

最后，必须有正确的企业文化和激励结构。目标和关键结果（OKRs）是定义和跟踪目标及其结果的框架，与传统的限制性关键绩效指标不同，OKRs是有影响力和前景的。OKRs由英特尔创立，如今被许多科技巨头沿用，如谷歌、领英、推特和优步。

很少有公司实现人力资源和技术的整合，更不用说超智能了。对于预算紧张、实验空间小的中小型企业来说尤其如此，而对于管理费用高、员工多、流程根深蒂固的大型传统企业来说也是如此。

进行零散和本地化的技术实施，而不是系统性和协调性的，则会产生孤立效益、缺乏洞察力和竞争优势、组织运营效率低、成本超支、信息技术基础设施成本投资回报率有限，以及员工害怕失业等问题。然而，零散的、临时的、即插即用的技术却被常态化地采用着。

技术与人的"联姻"使组织的能力最大化，以更接近完美的理性提升组织决策的基础。本书的内容就是关于如何做到这一点的，本书介绍了如何在技术和人之间创造协同效应，当整体大于部分之和时，能充分发挥企业结构的效率。因人类自身利益、理性和信息等因素造成的企业文化局限性也将不复存在。

我们需要的是领导力、战略思维和路线图，必须制定获得和管理人力资本和技术投资的计划，但存在以下障碍：

- 稀缺资源和不确定的投资回报率；
- 文化对变革的抵制；
- 缺乏组织一致性和敏捷性；
- 无法理解数据是一种资产；
- 缺乏业务方向和执行领导力。

让人意想不到的是，成功的关键在于人，而不是技术本身，即在于精心挑选的人才、精心培育的组织文化、正确的组织结构、革新的团队管理，以及正确的组织激励。所以最需要做的是管理好"组织变革"。

1.10　小结

我们可以运用卡斯帕罗夫定律来解决莫拉维克悖论。如果我们能用正确的方法把人和机器结合起来，那么我们既能享受两者的优点，同时又能接受两者的缺点。我们的教育系统应该接受这个悖论。不要试图把人变成机器。我们花了数百万年才进化成现在的样子。我们需要拥抱差异。

在本书中，我们阐述了公司如何将人力资源和技术结合起来，利用两者的优势实现最佳组合，创建一个超智能企业，也就是我们所说的人机共融体。它代表了最优的人机合作关系。这不是一个无法实现的理想，而是一个用普通人、普通技术和普通流程就能实现的目标。

然而，在我们开始之前，我们需要认清超智能的概念。毕竟，人机共融体的前提是，企业可以通过人和机器之间的协作实现集体超智能。但是，什么是超智能，通往超智能的道路是什么，哪条道路对企业来说最有希望？请看下一章节。

第 2 章
Chapter 2

超智能之路

我的观点不是提高个人的智力，使其成为超智能，而是由个体组成的网络和组织可能会获得某种形式的超智能。

——尼克·博斯特罗姆
牛津大学哲学教授

根据各种各样的、看似合理的唯物主义观点，任何具有足够复杂的信息处理和环境反应能力的系统，以及可能具有正确的历史和环境嵌入的系统，都应该具有有意识的经验。

——埃里克·施维茨格贝尔
加州大学河滨分校哲学教授

现在，终于，文化进化中又产生了一层叠加在生物圈之上的外壳——"人为化和社会化的事物"，即"人类圈"。

——皮埃尔·泰亚尔·德·夏尔丹
《人的现象》一书的作者

2.1　人类超智能哲学家

我们对人工智能的认知与博斯特罗姆教授的主张相一致。当我们说他在这个领域是个大人物的时候，我们并不是在个人崇拜。博斯特罗姆是牛津大学哲学教授，战略人工智能研究中心主任，人类未来研究所所长，畅销书《超智能：路径、危险、战略》的作者。像《超智能：路径、危险、战略》这样奇特又理智、严谨的书登上《纽约时报》畅销书榜单，足以使我们对人类的未来感到乐观。我们认为博斯特罗姆在这方面是权威的。因此，我们并不反对博斯特罗姆的主张，除非我们有充分的理由这样做。

博斯特罗姆列出了几条通向超智能的"路径"：生物认知增强、神经网络强化、全脑仿真和集体超智能（我们也称之为"组织网络智能"）。我们将在这里描述它们，因为它们都很有趣，并有助于我们理解人类作为一个物种可能走向何方。

我们认为，在这些路径中有一条是最有前途的，但它恰好是博斯特罗姆认为最不重要的路径。

目前有一种路径，在现有的技术水平下，可以创造出一种具有"超智能"的人机共融体，这就是本书提出的路线图。我们的路线图的优势在于它不需要：

- 在员工的头骨上钻孔，并植入由埃隆·马斯克（Elon Musk）出售给你的硬件；
- 将已故的最有价值员工的大脑切片并扫描，然后将其上传到超级计算机中；
- 等待即将来临的技术突破，而这种技术突破已经开始而不再需要"每天24小时"的速度消耗时间来等待其他超智能技术。

相反，人性化的企业级超智能路线图现在就有的优势在于：我们可以利用已经拥有的人力和机构资源来创造一个"人机共融体"。"没有认真考虑组织可以拥有超人类水平智力的思想"是管理理论和组织行为学研究和创新的主要限制。

2.2　超智能是什么

博斯特罗姆将超智能定义为"在几乎所有人类感兴趣的领域都远超过人类认知能力的智力"。就我们当前的目的而言，我们感兴趣的是将人性的美德与机器的优点结合起来，创造出拥有超智能的企业，即人机共融体。

我们对通用智能（而不是在狭小领域内智能）的机器特别感兴趣。与简单地遵循预先编程的指令集（在狭小领域内智能）不同，通用智能的机器具有以下能力：

- 学习；
- 有效处理不确定性和概率信息；
- 从传感数据和内部状态中提取有用的概念；
- 将获得的概念转化为灵活的组合表示，用于逻辑和直觉推理。

和以前一样，我们对计算机是否有梦想或有感觉并不感兴趣，而是关心它们是否会思考，如果是，如何让它们比我们思考得更好，从而帮助我们。

博斯特罗姆用模糊的方式描述超智能，称之为"在许多非常普遍的认知领域中，远远超过目前最优秀的人类头脑的智力"。我们认为，像这样模糊的表述可能会对理解超智能有所帮助，因为它不会试图将超智能限定在一定的智商分数上。此外，博斯特罗姆还通过"区分不同的超能力组合"，缓解了一些难以预知的情况。因此，博斯特罗姆将超智能分解为

"速度""集体""质量"等类型。

- 速度超智能是指"一个可以做以人类智能所能做的一切事物的系统，但速度要快得多。"
- 集体超智能是指"一个由大量的较小智能组成的系统，因此，该系统在许多领域的整体表现远远超过任何现有单个智能。"
- 质量超智能是指"一个至少和人类思维一样快，而且更聪明的系统。"

为了帮助我们理解这些类型的含义，我们将提供一些关于速度、集体和质量智能（如果不是超智能）的实际例子。劳伦斯利弗莫尔国家实验室（Lawrence Livermore National Laboratory）的量子计算机展示了速度智能，它能够通过并行处理引擎进行海量数据的分析和模拟。集体智能的一个例子是你的花园杂货公司（Garden-variety Corporation），它有组织层次、服务清单、职能团队、劳动分工、茶水间八卦等。质量智能的一个例子是加里·卡斯帕罗夫，他比一般人更聪明。现在，把这些例子扩展到极限，直到你脑海中出现一个更快的、远超过现有系统性能的，而且更加智能的系统。

2.3 使用（但不滥用）新达尔文主义智能

回顾智力进化论是有帮助的，智力进化论可作为理解智力本身的起点。然而，我们要警惕的是不要在生物进化过程中失去理智，因为生物进化智能在机器学习、人工智能和人机共融体等方面的应用有限。

2.3.1 竞争、进化和幸存

竞争激烈的商业环境与生物进化背景有着深层次的结构相似性。将它们全部描述出来，可能超出了本书的范畴，但值得一提的是，生命和企业在具有挑战性的环境条件下，在资源有限的情况下，都会为生存而战。

如果我们注意的话，企业出现和进化的方式或许也能告诉我们有关生物进化的有趣事情。集体行动、资源共享、竞争、团队合作、资源消耗与环境关系的演变，既是对生命本身的反思，也是对人性的反思。

生物进化的方式不是通过设计，而是通过有利的随机变异（突变），这也很有启发性。我们将在第 8 章中详细阐述突变的主题。事实上，"进化使人类获得智能，但起初并没有以这个结果为目标。"我们认为，人机共融体的出现在很大程度上是自发突变，类似于生命体中智能的产生。

我们可以通过研究进化论来了解竞争性商业环境中的创新。特别是，企业是否应该将追求超智能作为首要目标，可以从进化的经验中得到启示。"即使处在拥有高级信息处理技能的有机体能获得各种回报的环境中，这些有机体也可能不会选择提升智力，因为智力的提高会（而且常常是这样）带来巨大的成本，例如，更高的能量消耗或更慢的成熟时间，而这些成本可能会超过从更聪明的行为中获得的好处"。

同样的进化原理也适用于商业。拥有比竞争对手更强大的信息处理能力可能会创造竞争优势，但需要投入越来越多的分析能力，会造成边际收益递减。从人力资源、财务资源、原始能源的消耗或时间成本角度来看，分析能力较少但流程更快速、更精简的企业可能会胜出。

数据存储和处理能力会消耗大量能源，而数据越多，能源消耗就越多。即使不是 HBO 的节目《硅谷》的粉丝，也可以体会到解决数据存储（读取、文件压缩）问题将是下一个技术前沿。事实上，数据的收集、存储和分析是二十一世纪所有经济领域企业的主题。具有更强信息处理能力的人将需要更多能量，这与生物体中的信息能量关系相似。

预计到 2025 年，数据存储将消耗全球高达 20% 的能源，且能源消耗正迅速成为数据中心面临的一大问题。据华为瑞典研究员 Anders Andrae 称，"情况令人担忧。我们正面临数据海啸。一切都可以数字化。这是一场完美的风暴。"

事实上，在 2017 年底，美国研究员曾预计，"随着发展中国家上网人数的增加，以及物联网（IoT）、无人驾驶汽车、机器人、视频监控和人工智能应用在发达国家的指数级增长，未来五年的电能消耗量将增长两倍。"

我们可以思考这样一个问题，在商业中急于追求最大化信息处理能力是否合理。虽然，从长期竞争优势的进化角度来看，信息处理能力可能有非常多的好处。

根据发明人Rado Danilak的说法，我们现在正处于一个令人震惊的性能停滞时期，即现有技术正达到设备物理和微机系统结构的极限，从而导致令人失望的摩尔定律偏离。"在过去十年（2007年—2017年）的日子里，半导体工艺尺寸的缩小使我们获得了更高的性能和更低的功耗。现在，工艺尺寸缩小不再能够为我们提供更快的速度，也无法抵消数据中心的数据迅速增加带来的功耗"。

我们建议，面对这种性能停滞，应该寻求创新的替代路径。应该认识到，也许我们已经达到了自然极限，不应试图改变我们的设备，而应该改变其使用方式。

正如生物进化论中自然选择的路径那样，并非总是具有最大信息处理能力的物种能够生存。更多并不一定代表更好。这不是关于拥有更多的信息本身，战略性地使用哪些信息可以持续地收集、存储和分析，而非拥有更多的信息，这将成为二十一世纪的企业成功的关键。

2.3.2 分裂的人机智能进化路径

除了机器处理大量数据信息带来的惊人的能源消耗，还有一个问题就是"自作聪明的家伙"总是落在最后。那些出发前在起跑线处花太多时间分析赛道最佳路径的选手，将输给在发令枪一响就沿着正确的大方向蹒跚前进的选手。

进化意味着选择有用的东西，但不一定是正确的东西。如果"聪明"被定义为信息处理，或者获得事物真相，那么进化不会总是选择最大限度（最聪明）的智能，而是选择最有用的智能。

最大限度的智能和最有用的智能之间的区别有点微妙。我们用一个常见的例子来说明：有些人不一定是我们社交网络中最聪明的人，但他们在每一个有意义的方面都成功了；而有些人是我们认识的最聪明的人，但他们不一定在一些有意义的方面取得了成功。

这个具体的例子证明了我们的观点。我们不需要最大限度的智能；我们需要有用的智能。因此，我们不需要解决通用人工智能的难题，也不需要完全理解并复制人类的认知，就能将我们的组织进化为人机共融体，即我们只需要选择策略和程序，以最有效的组合方式管理人力和技术资源。

虽然从进化生物学的角度来了解我们对智能的理解是很重要的，但我们告诫，不要喧宾夺主。进化生物学为智能的进化提供了一个有益的视角，但不应让这种观点支配所观察的主体。

2.4 典型例子

麻省理工学院计算机科学与人工智能实验室的首席研究员，斯隆管理学院的教授安德鲁·罗说，我们应该从生殖的角度来考虑智能，"在特定的种群环境下，了解哪种类型的行为更可能是生存的关键，该行为将如何影响生殖成功。从这个角度来看，智能自然地被定义为增加生殖成功可能性的行为，而理性的边界则由生理和环境的限制所决定"。

我们对自然智能的定义没有异议，因为它出现在生物的生命形式中，其生存依赖于有性生殖，但是我们确实对将这种观点应用于计算机科学和人工智能领域持怀疑态度。这显然弄错了目标。

我们认为，如果我们对机器智能的理解在本质上与人类智能的演化方式一样，那么我们注定无法实现通用的人工智能。事实上，我们甚至拒绝将自然智能的"Lo理论"应用于机器智能。

摆脱生物学的或"自然的"智能理论，是为了避免物种沙文主义。如果我们承认心理状态可以在机器中实现，我们也需要认识到智能可以以非生物的方式出现。

要澄清这一点似乎很奇怪，但智能不仅仅是增加生殖成功可能性的工具。事实上，古板的运动员和刻板的书呆子都能证实智能对于生殖成功来说既不充分也不必要。

不要曲解前面的叙述。我们并不排斥新达尔文主义理论的广泛适用性，它的确对人类生活水平的提升和智能的出现给出了合理的解释。我们相信新达尔文主义对人类智能的描述是准确的。

但是，我们关心的是这种思维模式在应用于计算机科学和人工智能的"进化"领域时的适用性。虽然人工智能机器可能需要某种激励结构来学习和进化，但据我们所知，生殖成功，不是，也不应该是人工智能获得超智能的动力。

现在我们来看看博斯特罗姆的超智能路径。

2.4.1　生物认知增强

我们通往超智能的第一条路径是生物认知增强，即沿着现有的进化路径拓展人类智能，以达到更高形式的自然智能。

博斯特罗姆认为，"基因选择是创造人类超智能的路径"。这条路径意味着我们实际上是在灵长目的智人群中繁殖以获得智力，延续并加强了数十亿年的进化，才使我们变得像现在这样聪明。

然而，这条生物认知增强超智能路径是极其危险的社会工程。我们几乎不需要讨论美国20世纪40年代国家资助优生的灾难性事例，就可以明确我们不应该再次走上这条道路。

我们并没有无理取闹，我们建议生物认知增强的倡导者不要以任何方式认可历史先例。我们只是非常谨慎地认为，任何人都可以在不引发深刻的伦理冲突的前提下，把项目做好。我们太了解人类了，所以不信任政府能够开展旨在提高生物认知能力的多代生育计划，并且保证在此过程中不会做任何可怕且不可逆转的事情。

在这一背景下，我们对以下内容的表述不寒而栗，这些内容描述了基因增强以追求生物超智能的路径。

"起初，人们的抵触情绪很高，唯一可行的方法是多代人的选择性生育，但这显然很难在全球范围内实现。随着廉价有效的基因测试和选择技术的发展（尤其是当重复胚胎选择在人类身上变得可行时），基因增强将变得更加容易。这些新技术将有可能利用现有的人类遗传变异来获得智力增强的等位基因。然而，随着现有最佳的等位基因被纳入基因增强包中，进展将变得更加困难。基因改造需要更具创新性的方法，这可能会增加人们的抵触情绪。因此，在基因增强的过程中，其发展速度是有限的。"

请稍等一下。怎么可以对一个持续了好几代人的具有全球意义的选择性育种计划进行粉饰，而对国家资助优生的危险却只字不提？这将是决定人类命运的制度，它决定了谁可以生育，并将决定哪一类人拥有"最佳的"等位基因。

当然，我们并没有暗示那些倡导生物认知增强是通向超智能的可行路径的研究员有任何邪恶的动机。我们只是不相信这在政治上是可行的。不论它的学术价值如何，一旦实施，它就具有相当可怕的风险。

话虽如此，私人追求基因改良以适应人类环境的行为是不可避免的。在人类生活的世界中，最富有的人可以不惜代价地改善生活。考虑到财富的日益集中和人类对获得竞争优势的渴望，博斯特罗姆对于生物认知增强提出了三个结论。

（1）至少可以通过生物技术增强来实现超智能的初级形式。

（2）增强型人类智能的可行性增加了高级形式的机器智能的可行性。

（3）当我们设想21世纪后半叶及以后的情景时，我们必须考虑到可能出现的基因增强人群，如发明家、科学家，这些人的数量在未来将迅速上升。

尽管博斯特罗姆认为"沿着生物学的道路取得进展显然是可行的"，他也承认，"当然，机器智能的最终潜力将远远超过生物智能。"我们也同意这一观点！

我们迫不及待地期待人类将自己培育成超智能。但是，公司业务主管需要能够立即实施的解决方案。在一个资源（专门用于创新的资源）有限的世界里，我们建议优先考虑以"人机共融体"的形式升级智能，而不是单纯的生物或纯机械的智能升级。

2.4.2　神经织网：将人类变成机器人

生物认知增强的另一种方法是对人脑进行机械升级。从字面上讲，即将机器接口"插入"大脑，这在本质上也是"神经织网"技术背后的理念。

这个想法的支持者是埃隆·马斯克（Elon Musk），Twitter上最受欢迎的古怪亿万富翁，SpaceX和Tesla的首席执行官。

马斯克正在进行一项名为Neuralink的脑-机接口项目，重点技术是在人脑中植入设备，以便以更高的连接速度和带宽连接大脑和机器。这项技术将促进马斯克所谓的"生物智能与数字智能结合"。

根据博斯特罗姆（以及其他思想家，如未来主义先驱雷·库兹韦尔和已故的伟大物理学家斯蒂芬·霍金）的说法，"神经织网可以使人类利用数字计算的优点——完美的复现能力、快速而准确的计算能力，以及高带宽的数据传输能力——使由此产生的混合系统的性能远超过未经增强的大脑"。

我们先不去质疑，只是根据我们的实际情况大声疾呼。创造一个笨手笨脚的、粗糙的半机械人是注定要失败的尝试。即使可以克服神经外科手术对人体健康和安全造成的风险（例如，在颅骨钻孔和在灰质层上铺设电线所带来的感染、电极移位、出血，以及认知能力下降），博斯特罗姆仍担心这种"人体机械化"是否是通往未来的正确路径。我们赞成这种担心。

考虑到人类的大脑已经处于进化的高级阶段，把我们的大脑与互联网相连接的好处是非常有限的。例如，人类视网膜已经可以"以惊人的近1000万位/秒的速度传输数据，并且能够通过大量具有高度适应性的专用功能组件——视觉皮层提取信息，并交由大脑其他区域做进一步处理"，我们为什么还要在我们的头盖骨上插一根光缆呢？

在我们看来，神经织网可能带来的投资回报有限。因此，科学家距离发明与人脑一样高效和强大的事物相距甚远。康奈尔科技大学计算机视觉系教授Serge Belongie说："人脑的大部分功能都是处理视觉数据，用于场景解释和空间导航等目的。视觉数据是我们了解世界的核心方式，因此，追求智能机器将要求我们在处理和解释视觉数据的能力上取得实质性的进步"。

将神经织网项目的对象颠倒过来可能会更有利可图，即将机器接入人脑可能不如将人体器官接入机器那样成功。让我们解释一下：一个植入了计算机处理器的人的能力增强，可能不及一个植入了人眼的硬盘驱动器。为人工智能系统配备相当于动物视觉功能的设备，可能是生命进化本身的一个突破。

斯坦福大学人工智能实验室主任、谷歌Cloud的AI/ML首席科学家李飞飞表达了以下观点。

5亿多年前，视觉成为进化"大爆炸"的主要驱动力，同时寒武纪大爆炸导致了动物物种剧增。现在，人工智能技术即将改变人类的生活、工作和交流，并塑造环境的新格局。

正如早期发现的那样，视觉是智能动物最强大的能力之一，它可以导航、提高生存能力、加强互动，甚至改变智能动物所生活的复杂世界。智能系统也是如此。

建造智能机器的重要路径就是让它拥有强大的视觉智能，就像动物在进化过程中所做的那样。当许多人在寻找"杀手级应用"（指普遍流行的软件程序）时，我想说，视觉智能就是人工智能的"杀手级应用"。

如果李飞飞是正确的，那么神经织网项目可能会陷入错误的方向。

除创建脑机接口的医学和技术挑战之外，人们对神经织网概念最深刻的反对意见是它没有带来真正的回报。"额外的数据流入对提高我们的思维能力和学习速度几乎没有作用，除非所有用于理解数据的神经系统都进行了类似的升级"。

除非我们计划在此过程中升级人脑，否则神经织网项目没有任何意义！在这种情况下，我们不是在创建解决方案，而是在制造问题。

神经织网植入手术可能对盲人、聋哑人或无法使用完整认知功能的帕金森氏综合征患者有意义。对于寻求实时性能增强的企业高级管理人员而言，将神经织网作为一种解决方案没有任何意义。

让我们不要屈服于这样的诱惑：通往超智能的道路就是把人类变成半机器人。其原因我们在一开始就说了，人机共融体不是机器人或半机器人。我们感兴趣的是一条不需要在员工颅骨上钻孔以获得智能提升的路径。

除人类的健康和安全（以及令人毛骨悚然的手术）之外，还有其他原因可以否定神经织网这一路径。"人类智能提升的瓶颈不是原始数据输入大脑的速度有多快，而是大脑提取数据并理解数据含义的速度有多快。"

即使我们能将高速计算机插入人脑，其处理速度与单纯用手操作高速计算机的人相比没有明显的差别。

此外，由于每个人的大脑都是不同的，所以将用于插入人脑的技术标准化的能力有限。"通常与我们在计算机上运行的程序不同，大脑并不使用标准化的数据存储和表现形式。相反，每一个大脑都会针对更高层次的内容形成自己独特的表现形式。因此，不可能在一个大脑的神经元和另一个大脑的神经元之间建立一个简单的映射关系（即使是人造的），使思想可以自动从一个大脑滑向另一个"。

对不起，马斯克。对于那些希望通过技术来获得个人或企业级竞争优势的人来说，神经织网是无用的。这并不是说，神经织网对于那些有严重医学问题、急需技术解决方案的人来说会毫无用处。如果有亿万富翁读到这篇文章，请把你的钱花在清洁能源技术上，而不是把我们变成半机器人！

2.4.3 全脑仿真

上述分析让我们想到了创造一个虚拟大脑的概念。如果创造一个半机器人是不可能的，为什么不创造一个人类大脑的数字化复制品呢？一个拥有无限记忆、持久专注力、无限能量和超高处理速度（不需要睡眠或咖啡因）的大脑将改变游戏规则。任何一家能负担得起的公司都会购买或建造一个，将其保留在公司总部，让其24小时不间断地工作。

根据博斯特罗姆的说法，这条路径被称为全脑仿真。博斯特罗姆非常重视这一路径。这种方法包括将一个真实的人脑玻璃化（当然是经过解剖的，最好是属于一个公认的天才，在其安息的时候）。大脑组织变成了玻璃状的物质，然后将其切成薄片，送入扫描仪，并识别大脑独特的结构和化学元素。

我们将这些原始数据输入计算机，重建三维神经元网络，该网络负责原始大脑的计算。这张网络将覆盖"不同类型的神经计算模型库"和神经元的连接。这种对真实人脑物理神经结构进行"扫描""翻译""模拟"的结果将成为对原始大脑的数字重构，并将在超级计算机中实现。

大脑的结构和功能将被转换成数据和程序，这样大脑就可以在超级计算机的硬件上以软件的形式运行。用博斯特罗姆的话说，全脑仿真的结果是创造出"原始智能的数字化复制品，同时保留完整的记忆和人格"。

那些将自己的大脑献给科学的天才们的思维将永存（只要运行大脑软件的硬件有可靠的电源供应）。数字化仿真大脑将和活体大脑一样敏锐，但现在它可以借助超级计算机得到增强。

全脑仿真路径的一个重要特点是，即使我们不能解开人类的心灵之谜，它仍是可行的。解释这个谜团有很多理论，但这些理论都还是争论的热点。事实上，这条路径"根本不需要我们弄清楚人类的认知是如何工作的，或者如何编程一种人工智能"。

这是幸运的，因为解锁人类认知和编程通用人工智能都困难重重。它们都需要最根本性的概念或理论的突破，这些突破是目前我们无法企及的，并且可能在任何时间范围内都无法实现的。

博斯特罗姆所描述的全脑仿真路径成功的关键是"只需要我们了解大脑基本计算元素的低级功能特征"。当然，这就存在"洞察力和技术"之间的权衡。也就是说，我们的技术越弱，越需要更多地理解大脑的理论，才能使全脑仿真起作用，反之亦然。"我们的扫描设备越差，我们的计算机越弱，我们就越不可能依赖于模拟大脑中低水平的化学和电生理学过程，我们就越需要对我们正在寻求模拟的计算架构有更多的理论理解，以便创建相关功能的更抽象的表示"。

我们已经走上了扫描、翻译和模拟人脑的道路，因此博斯特罗姆承认,"现有的知识和能力表明,不存在开发必要的使能技术的原则障碍"。

因此,全脑仿真的问题并不是理论上的,而是实际上的,"很明显,需要大量的渐进式技术进步才能使全脑仿真成为可能"。

希望将公司业绩提升到更高水平的高管们并没有时间等待大量的技术发展后才开始行动,这就是我们写这本书的原因。

2.4.4 组织网络超智能

博斯特罗姆讨论的通向超智能的最终路径是在网络或组织层面获得的智能。这确实是很重要的一种情形。这可以被恰当地描述为"通过逐步增强的网络和组织来实现的"集体智能,"这些网络和组织将人类个体的思想彼此联系起来,并与各种人工产品或机器联系起来"。

出于本书的目的,我们将这种通往超智能的路径称为"组织网络超智能",以区别于通往超智能的其他路径,并阐明集体智能的"集体"是指组织网络阵列中人类和机器的集合。

组织网络超智能路径的一个特点是,它不依赖于个人。"这里的想法并不是提高个人的智力从而使其成为超智能,而是一些由个人组成的网络化和组织化的系统可能获得某种形式的超智能"。

回想一下生物认知增强这一主题中介绍的,人类的智能可能是系统的一个突发特征,而这个系统实际上是为生存而设计的。我们相信,这种突发也很可能出现在通用人工智能上。它不会通过直接编写软件来实现。我们预测,超智能将自发地以随机变异的形式,出现在由丰富的数据源构成的并行信息处理的稠密网络上。可能只有当网络有足够的量子计算资源时,才会出现这种情况,但我们不知道其具体的出现时间。

这是我们的工作理论,我们可能会惊喜地发现,超智能将出现在普通的信息网络、普通人和普通计算机的基础之上。毕竟,这就是我们提出的关于创造人机共融体的建议:用非常普通的工具创造一些非凡的事物。这种方法与第1章讨论的卡斯帕罗夫定律一致。

博斯特罗姆解释说,管理实践可能会阻碍,也可能会促进组织网络超智能的出现。

　　一般来说，一个系统的集体智能受其成员思维能力、信息交流成本，以及人类组织中普遍存在的各种曲解的限制。如果降低沟通成本（不仅包括设备成本，还包括响应延迟、时间和注意力负担，以及其他因素），那么更大和更紧密连接的组织就变得可行。同样的情况也可能发生在一些官僚机构中，这些机构充满了权力的游戏、使命偏离、信息隐瞒或伪造等问题。即使解决部分问题，也能为集体智能带来丰厚的回报。

　　对于管理人员来说，这是个好消息。这样做的结果是，良性组织将比腐败组织更快地进化出集体智能。我们还可以补充说，与腐败组织相比，良性组织将进化出一种集体智能，相比之下，这种集体智能不太可能是病态的。

　　未来的研究将开始描绘那些已经拥有自己想法的组织的心理轮廓，但是现在这样做超出了本书的范围。我们还没到那一步。我们仍在努力创造一种人机共融体，但还不能对未来可能出现的各种人机共融体进行分类。也就是说，人机共融体的具体形式取决于具体实施者，其将按照实施者的想象被制造成多种形式。

　　我们鼓励读者认真对待博斯特罗姆所谓的"看似更异想天开的想法"，即有朝一日互联网可能会"觉醒"，并且不再仅仅是将人与机器的组件结合在一起的松散集成的集体智能。

　　我们认为，进化现象的出现，如随机突变，实际上是一个必然事件。它并不是完全随机的，尤其是当我们自觉地将"智能化"置于设计参数之前来设计信息技术、通信和组织基础设施时。

　　根据李飞飞的说法，"互联网80%以上都是像素格式的数据（如照片、视频等），带摄像头的智能手机比地球上的人数还要多，每一台设备、每一台机器和我们生活的每一寸空间都将有智能传感器驱动。"在某种程度上，这些传感器可能成为遍布全球的智能感知和决策云系统的数十亿只闪烁的眼睛。

　　事实上，"这种情况的更合理的说法是，互联网通过多年来许多人的努力而不断进步。而无数次的渐进式改进最终为某种更统一的网络智能奠定了基础。"

令人奇怪的一点是，我们不能知道这种突发现象发生的具体时间。我们不需要通过互联网本身的"新兴"思想来让我们知道它的到来，也不需要吹响号角来宣布它的到来。据我们所知，它已经存在了，造物者的威严和恐怖，在人类盲目偏见（物种沙文主义）的保护下思考其下一步的行动。

即使博斯特罗姆对集体智能持怀疑态度，"似乎至少可以想象，这样一个基于网络的认知系统，被计算能力和所有其他资源（除了一个关键成分）所包围，当最后一个缺失的成分被补充时，可能会以超智能的方式爆发。"

尽管博斯特罗姆同意这是有可能的，但他仍对"集体智能是一个使我们能够获得超智能的使能层"这一看法持怀疑态度。在他看来，集体智能本身永远不会是超智能。

2.4.5 博斯特罗姆的盲点：集体智能的承诺

博斯特罗姆通过对集体智能的分析得出结论："从长远来看，网络和组织的改进可能会导致集体智能的弱超智能形式，但更可能的是，它们将发挥类似于生物认知增强的有利作用，逐渐提高人类智力。"

在许多方面我们持不同意见。

第一，我们认为，组织网络超智能是唯一理论上和实践上可以实现的超智能。

第二，我们认为组织网络超智能是人机共融体的显著特征。这意味着它不仅仅是实现我们的目标的动力和桥梁，其本身就是我们的目标。

第三，我们认为组织网络超智能不仅具有"弱"超智能的能力，而且将远远优于任何形式的个人超智能。超智能可能只会在集体层面上出现。整体总是大于部分之和。一个智能网络总是比孤立的智能表现得更好。

事实上，博斯特罗姆甚至声称，"如果我们逐渐提高集体智能的集成程度，它甚至可能成为一个统一的智能体——一个单一的大的'头脑'，而不仅仅是松散的相互作用的较小的人类思维的集合。"我们同意这个观点。由人和机器组成的综合智能网络将拥有自己的思维。而且，如果管理得成功，那将是一个聪明的头脑，而不是邪恶的天才。

确实，我们必须使我们的组织为这种思维的出现做好准备，因为它一旦出现，就可能不受控制。换句话说，我们现在必须启发我们的组织网络，对其灌输自我意识、自我控制、道德规范等，以便在出现超智能时，我们享受超智能与人类福祉相适应的和平与安全。换句话说，在思维释放之前，让我们先定义可接受的条件。

回想一下，在本章的介绍中，博斯特罗姆区分了速度、集体和质量超智能。有趣的是，博斯特罗姆承认超智能是作为一个系统存在的。它不是系统的某些特性或属性，而是系统本身。博斯特罗姆对超智能的定义实际上支持了我们的论点。

同样，我们相信人机共融体将是超智能的，它将采取组织网络的形式实现，这将远远优于其他形式的个人智能。这正是我们最大的不同之处，也是博斯特罗姆为我们辩护的地方。

速度和质量固然重要，但速度和质量是智能系统的特征，而组织网络本身就是一个系统。

实际上，在我们看来，组织网络是在有限时间范围内实现超智能的唯一场所。这突出表明，如果我们想获得超智能，追求组织网络超智能将是多么重要。

我们同意博斯特罗姆的观点，"一个系统的集体智能可以通过扩大其个体智能的数量和质量，或者通过提高其组织的质量来增强"。然而，问题在于这本书中概括的关于超智能体的建议是否足以创造"人类的集体认知能力更为强劲的增长"。他认为，这是"从当今的集体智能中获得集体超智能"的必要条件。

我们不知道博斯特罗姆所说的"远远"超越现状意味着什么。在我们看来，这似乎是一种改变目标的花招，因此，超智能仅定义为我们尚无法完成的事情。因为这种围绕超智能的定义是与当前表现的智能水平相关联的，这意味着，"相对于更早时期，人类的集体智能的当前水平更接近于超智能。"

我们不确定将超智能定义为人类在任何给定时间的对应智力值是否合理。即，我们越聪明，超智能的门槛就越高。

我们认为，这使完美成了良好的敌人。我们应该满足于追求对集体智能的逐步改善。事实上，这就是我们所能做的，所以我们不妨坚持下去。如果你想在当下取得进步，我们就不能一直干等个别天才或高新技术的到来。

正如我们在第1章中所讨论的，卡斯帕罗夫定律给了我们把希望寄托在过程中的理由——"流程"能够战胜天才和超级计算机。如果你仔细阅读博斯特罗姆的文章，就会很清楚他完全同意我们的观点。

我们可以把智慧看作是将重要的事情做到大致正确的能力。因此，我们可以想象一个由非常庞大的、协调的知识工作者组成的组织，可以共同解决许多普遍领域的智力问题。我们假设，这个组织可以经营大多数的业务，发明大多数的技术，优化大多数的流程。这样的组织可以拥有高度的集体智能；如果集体智能的程度足够高，这就是一个集体超智能的组织。

是的。这就是我们的观点。我们不确定为什么要搁置这个看似合理的方案，而去寻求更多的投机性的路径。但是你还在读我们的书，所以很明显，我们在这方面是一致的。

博斯特罗姆声称，"网络和组织的改进可能会使我们解决问题的能力略有提高，而不是生物认知能力的提高；会促进'集体智能'而非'质量智能'"。个中缘由我们并不清楚，博斯特罗姆将质量超智能提升到了集体超智能之上。一方面，可能是为了让它成为研究人员的首要任务；另一方面，可能是认为它为人类带来了更大的希望。在我们看来，质量超智能比集体超智能更难实现，也更容易被滥用。我们困惑于为什么要诋毁集体智能？

压制集体智能的同时提升个人智能的原因可能归结为一种无法言明的偏见：物种沙文主义。

2.4.6　什么是物种沙文主义

在上一节中，我们质疑了那些不同意集体超智能至上的人，他们可能受到了物种沙文主义的影响，我们关于集体超智能的描述也是对"只有人类才能有意识"的观点的反驳。这可能是一个不常见的观点，所以让我们详细说明一下。

道格拉斯·霍夫斯塔特的《哥德尔、艾舍尔、巴赫书：集异璧之大成》有力地诠释了这种偏见。霍夫斯塔特解释说，"仍然有很多哲学家、科学家等相信符号的模式本身（如书籍、电影、光盘或计算机程序，无论多么复杂或动态）从来没有意义，但这一意义，以某种最神秘的方式，起源于碳基生物大脑中发生的有机化学或量子力学过程。"

这一观点的吸引力是显而易见的，但却被思想领袖们斥责为"狭隘的生物沙文主义的观点"，或是某种形式的"物种沙文主义"，因为它暗示只有拥有独特大脑的人类才能有思想，而极其先进的机器，或者拥有高级智能的硅基生命体（如电脑），都不具有思想。

大脑究竟有什么特别之处，以至于认为只有人类或"拥有大脑"的生物才能有思想？如果你认为只有人类才能有精神状态，但你又想寻求佐证，霍夫斯塔特的建议如下。

需要不断地提醒人类自己，安全地依偎在我们头盖骨内的"梦想之球"是一个纯粹的由无菌和无机成分组成的物体。如文本、CD-ROM 或计算机等一样，其所有成分同样遵守现实世界的各种法则。只有不断地陈述这个令人不安的事实，我们才能慢慢地开始找到一种摆脱意识之谜的方法：其关键不在于制造大脑的材料，而在于大脑材料内部可能存在的模式。

博斯特罗姆曾写道："有人建议我们应该把企业实体（企业、工会、政府、教会等）视为人工智能实体，即具有传感器和效应器的实体，他们能够代表知识，进行推理并采取行动。虽然它们的能力和内部状态与人类不同，但它们显然是强大的，在生态上是成功的"。为什么集体的能力和内部状态与人类不同是很重要的呢？

根据功能主义心理哲学的定义，心理状态应该是它的行为，而不是它的构成，"心理状态是因果关系"。在这种观点下，心理状态被恰当地理解为物理输入和行为输出之间的因果关系。

功能主义者将精神状态疼痛解释为内在因果关系，将"手放在火炉上"的感觉输入与"缩手"的行为反应联系起来。

按照功能主义的术语，其将允许多重实现，也就是说，一种精神状态可以在人脑、计算机芯片或其他物体中实例化。多重实现意味着在不同的生物中，疼痛可以以不同的方式实现：人类的疼痛因大脑而异，人类的痛苦也不同于非人类的痛苦。不管是神经元、硅芯片，还是公司内部运作，思考就是大脑的行为。

如果说一个集体因为不是人类就不能获得智能，那就犯下了物种沙文主义的错误，也是对智能是什么这一问题的荒谬争论。这是经不起推敲的偏见。

虽然人类的精神状态可能是由神经状态导致的，但我们必须小心，避免过度扩展这个概念。从这个前提出发，我们无法得出这样的结论：精神状态只能从人脑中产生。可能还有其他的物质组合可以产生意识。心理依赖于我们大脑中的灰质，没有灰质就不可能有心理，这是一种我们必须摒弃的人类偏见。摒弃偏见才能理解思维的真正本质。

提出一个想法并不取决于大脑是否由"灰质"或神经元、轴突和树突组成。科幻小说中充斥着会思考的电脑和机器人。斯坦利·库布里克的《2001：太空漫游》中的电脑HAL也许是一个著名的例子。我们似乎已经很接受机器可以有思考和想法这样的事实。精神状态不仅可以在人类大脑中实例化，也可以在计算机服务器上实例化，甚至可以在网络上传播。

霍夫斯塔特认为，意识是一种奇怪的自我认知循环，认识到大脑不可还原为物质，而是某种神奇的模式，这是一种"思想解放，因为它让人们进入一个新的层次来思考大脑是什么：其作为支持反映世界复杂模式的媒介，尽管还远远不够完美，且大脑本身就存在于客观世界中，也不可避免地自我镜像。无论多么片面或不完美，奇怪的意识循环开始盘旋。"

我们通过这种推理方法会走向何方？如果计算机可以模拟人类的心理状态，这些心理状态是用模式来定义的，而不是用底层的生物基质来定义的；企业是计算机与人类的集成，并具有可以计划和调整的模式，那么，只需要很少的逻辑和管理技巧，就能得出一个相当深刻的结论：一个企业可以拥有自己的精神状态，也就是说，拥有自己的思想。

2.4.7　集体意向

我们知道，企业拥有自己的思想这一概念是有争议的。在哲学界内部，存在着关于群体意识或集体意向的激烈辩论，即群体是否可以有一种"意识"，从组成该群体的个人的意识中分离出来。

在不深入思考心智哲学的前提下，我们想深入探讨一下集体意向的概念。这一领域的研究为人工智能扩展到企业层面奠定了基础，即组织网络智能或集体智能，亦是我们在这里说的人机共融体。我们认为，存在真正意义上的集体或组织有自己的思想，这不仅仅只是一种修辞说法或法律上的假设。

微软真的有"意向"吗？

哲学家罗伯特·鲁珀特（Robert Rupert）的文章《反对群体认知国家》（*Revenger Group*）代表了对集体意向这一概念的异议。鲁珀特举了一个普通的例子，"微软打算开发一种新的操作系统"。然后反问道："微软（公司本身）真的打算开发新的操作系统吗？"然后否定——微软没有"打算"做任何事情。

鲁珀特运用一个指导原则得出了这个否定的结论，即"如果一个群体有精神状态，那么这些状态必须做因果关系解释工作"，即群体的决定本身必须能够解释行为输出，而不是简单地成为掩盖某些个体行为的隐喻。

基于这一原则的应用，鲁珀特否认群体有意识状态。"最根本的问题似乎是这样的：在日常语言中，我们倾向于将认知状态归因于群体。但似乎有一个完整的因果关系解释是根据个体的认知状态（以及个体操纵和传递的非认知物理结构）来表述的。"

鲁珀特详细阐述了微软的例子。

最近，"微软打算开发一个新的操作系统"似乎是真的。所谓的意图是否能解释任何数据？如果能，是哪些？一种可能是雇佣新员工。以一个叫"Sally"的人为例，她最近收到了一封来自微软的聘书，现在她有一把微软园区办公室的钥匙，并且已有资金从一个名为"微软"的账户转入她的账户。这些数据该如何解释？显然，这些事件的发生完全是由于个人之间的沟通（如微软的人力资源部的成员）、个人的认知活动（如招聘委员会投票决定向 Sally 提供工作机会）以及个人的行为（如给 Sally 的聘书）。它没有必要包含一个额外的认知状态，即微软作为一个单一实体的状态来解释这些数据，这是没有道理的。

但，我们可以反驳这个例子。

集体思想在现实世界中起着因果关系的作用

我们将对鲁珀特的假设做一系列真实的陈述，这将给以下观点带来质疑：在微软的故事中，仅仅是个人的认知行为起到了因果解释的作用。

我们认为，如果不把微软作为一个独立的实体，不将微软简化为那些做决定的个体，就不可能解释 Sally 和微软之间的真实而复杂的关系。也许在严格的哲学意义上，集体行为不是真正的行为，但很明显，集体行为是很重要的，这与人机共融体的实现是有关联的。

如果 Sally 在工作数周后仍未能拿到薪水，她对欠薪的诉讼是针对微软的，而不是针对招聘委员会中的个人的。如果 Sally 在受雇期间在操作系统中发明了一个新功能，她的知识产权将分配给微软，而不是招聘委员会的个人。如果招聘委员会中只有一两个人想雇用 Sally，但招聘委员会没有批准，那么她就不会为微软工作了。如果招聘委员会因为 Sally 是女性而拒绝聘用她，那么诉讼对象将是微软，而不是招聘委员会的个人。同样地，如果 Sally 被微软非法解雇，诉讼对象将是微软，而不是招聘委员会的个人。

鲁珀特指出，这个关于群体意向的问题既是一个哲学问题，也是一个经验问题。在微软的例子中，可以提出一些经验观点，支持集体意向不可简化为个人意向。像董事会决议这样的群体决策具有法律和现实世界的因果意义。仅仅描述某个董事的精神状态，而不参考整个董事会的决定，对于解释董事会决议的因果关系既不必要也不充分。群体决策对下属官员具有法律约束力。如董事会，通过一项决议表达的集体意向，即要求下属官员在追求其他行为的同时，以某种方式放弃某些行为。事实上，集团的决定可能会导致公司的整个部门以某种方式行事。因此，至少在法律意义上，集体意向在行为中起着因果作用。个别董事没有被法律授权以个人身份甚至以其单独行事的官方身份约束公司；相反，董事群体（通常为多数）必须集体行动，以产生具有法律约束力和因果效力的结果。

将集体意向简化为个人行为会抹杀对世界有意义的和真实的描述。我们认为，如果我们遵循鲁珀特的论点，我们将违背奥卡姆剃刀原理。

一些支持集体意向的哲学观点

一个纯粹自然主义的原则是，如果某事物在世界上是有因果关系的，那么它就存在。一个推论是，如果某事物本身就存在，那么它就不能完全还原为某个较低物理层的实体。当个体的意向聚集在一起时，就会创造出不仅仅是各部分总和的事物。微软不仅仅是一群人。

我们可以直截了当地说，"微软打算开发一个新的操作系统"，这是一条真实的声明，它可以影响股价，创造就业机会，以及产生各种其他非常真实的和经验可证实的结果。可以说，"微软雇佣的几个人有意图开发新的操作系统"，但是他们的个人意向并不能解释当微软打算开发新的操作系统时在现实世界中会发生的情况。

要确定董事会是一个独立于各个成员之外的事物有多难？它是一个法律承认的独立实体，有自己的合法权利和义务，不属于任何个体成员。对集体意向的形而上学的异议必须忽视法律、雇员、经济和被媒体认知等既定事实。当然，集体意向也有因果关系。这在哲学上是合理的，在经验上也是可证实的。因此，增加一个额外的认真状态（微软公司作为单个实体状态）来解释这些数据并不是无缘无故的。

除对集体意向概念的实证支持之外，还存在着鲁珀特将集体意向简化为个人意向的哲学问题。如果我们能将集体意向简化为聚合的个人意向，为什么要到此为止而不继续简化呢？个体意向可以通过参考个体大脑内的神经激活模式来解释，反过来，也可以通过化学键来解释……然后不停地简化。我们认为，把集体智能简化到个体水平，然后就停止是不合理的。为了避免任意性，我们应该对现实的每一个层面，包括集体层面，赋予因果效力。我们看不到一个合理的理由，为什么我们必须将集体行为转向个体行为的因果解释，但却不能继续简化到量子水平。当然，鲁珀特对这一反对意见可能有坚定的回应。要弄清事情的真相，可能需要深入研究形而上学，这超出了本书的范围。

另一个哲学问题是，鲁珀特从认识论的前提出发，即集体意向可以通过个体意向的状态来解释，并跳到形而上学的结论，即，因为关于集体意向的另一种解释是可用的，得出集体意向并不存在的结论。在思想史上，从认识论的前提（关于我们可以知道或解释的事物）跳到形而上学的结论（什么是现实，什么是存在的）在逻辑上从来都是无效的。

集体意向本身在企业环境中就具有因果效力。鲁珀特的主要反对意见是，在集体层面上没有因果关系，从我们给出的例子来看，这似乎是不正确的。鲁珀特的论点是关于科学如何将物种个体化的，可能有些微妙，以至于我们实际上并没有用反例来直面他的论点。我们只想说，关于我们的论点，有一些批判者认为，团体本身可以拥有代理权，这就够了。我们不同意这一论述，但我们需要继续我们的主题。集体意向有太多乐趣，我们不能停滞于处理哲学上有问题的主张。

即使从严格的哲学角度来讲，也没有集体代理。尽管如此，当我们将因果效力归因于集体时，我们还是得到了一些结论：董事会决定解雇首席执行官，这就是首席执行官失业的原因，不是因为任意董事会成员决定解雇首席执行官，而是因为董事会自己这样做了。因此，无论这种关于集体意向的主张在何种意义上是正确的，我们所说的关于人机共融体有自己的思想的一切结论都是正确的。它是一种法律强制，一种语言惯例，一种隐喻，还是其他什么？我们把这个问题留给哲学家来解决。

公司真的有意识吗？

我们可以进一步推论，集体不仅拥有认知状态所需要的条件，甚至具有意识本身的必要和充分指标的特征。曾有哲学家认为，甚至"美国也具有所有类型的属性，这些属性被唯物主义者视为意识存在的特征。"的确，如果美国可以有意识，为什么企业不能有意识？

"根据各种可能的唯物主义观点，任何具有足够复杂的信息处理和环境响应能力，以及可能具有正确的历史和环境嵌入类型的系统，都应具有意识经验。"我们认为，拥有足够丰富的信息系统、环境监控和快速响应管理的企业符合有意识经验的标准，至少满足拥有智能和思想意识的最低层次。

对于意识，可能需要组织某种信息来服务于协调的、目标导向的响应。也需要某种复杂的自我监控。但是美国也具有这些属性……美国是一个目标导向的实体，具有灵活的自我保护和自我保存的功能。美国对于机遇和威胁做出了明智或半明智的反应。

如果美国能够具备组织信息、有目的地对环境做出反应和复杂的自我监控所需的所有基本属性（它确实做到了），那么，是什么阻止了像企业这样的组织也拥有这些属性呢？我们还需要什么证据来断言一个具有某种程度的审慎和自我意识的实体有至少基本的意识呢？

2.5　人机共融体和人类圈

在上一节中，我们说明了集体意向是一个不可归结为个体心理状态的实物，即一个由个人、信息流、技术和人工智能系统组成的企业可以拥有自己的思想，而不能被简化为在那里工作的个人的思想。

在此基础上，我们想介绍一下人类圈这一令人兴奋的概念。这也许是"集体智能可能在星球层面是什么"的最有影响力（如果不是预言的话）

的声明。

1955 年，耶稣会的人类学家皮埃尔·泰勒哈德·德·夏尔丁（Pierre Teilhard de Chardin）在其著作《人的现象》中向世人介绍了"人类圈"的概念。"现在，终于，文化进化的过程又产生了另一个叠加在生物圈上的包络网，即人类圈。"人类圈的出现是"人类网络日益活跃和相互作用的结果，形成了一个高度紧张的'思维层'，是在生物圈之上的连续的精神鞘，在功能上类似行星状的神经系统"。

用泰勒哈德的话说，人类意识的出现标志着地球历史的一个转折。在泰勒哈德去世后，我们发明了全球互联网，这进一步推动了他的论点。

从我们的实验观点来看，正如反思这个词所表明的，反思是意识获得的一种力量，它使意识转向自己，使意识占有自己，使意识成为具有自身一致性和价值的客体：不再仅仅是为了认知，而是为了认识自己；不再仅仅是为了知道，而是为了知道自己知道。通过这种深刻的自我个性化，生命的元素已经在一个弥漫着知觉和活动的圈子里扩散。它第一次以一个点的形式构成了一个中心，所有的印象和经验都与这个点联结在一起，并融合成一个有意识的自组织统一体。

现在，这种转变的后果是巨大的，正如自然界中可以清楚地看到物理学或天文学所记录的所有事实一样。作为自身反映的对象的存在，由于其自身的双重作用，刹那间就能把自己提升到一个新的境界。实际上，一个新的中心诞生了。抽象、逻辑、数学、艺术、焦虑、爱和梦想——所有这些内在生命活动都不过是新形成的中心在自我膨胀时的沸腾。

认识到这是一个进化的新时代，迫使我们必须区分与活动相对应的支撑，这就是在宏伟的大地岩层之上的另一层膜。有意识反射的每一个火花都会发出一道光芒。星星之火，可以燎原，直到整个星球都被炽热所覆盖。只有一个解释，只有一个名字可以描述这一伟大现象。它是一个新的层，比之前的层更加连贯和广泛，即思维层。自第三纪末期萌芽以来，其已经在植物界和动物界传播开来。换言之，在生物圈之外还有一个层，即人类圈。

由此，我们突然意识到，世界的每一种分类（或间接地说，是物质世

界的每一种结构）都是多么的扭曲，在这种情况下，人类只能在逻辑上作
为一个属来描绘。这是一种错误的观念，它使整个宇宙现象变形甚至消
失。要找到人在自然界中占有的真正位置，如同在大厦中找个鸽子窝，或
者是在系统中找一个额外的分支。尽管从解剖学角度看，这种飞跃是微
不足道的，但我们已经开启了一个新时代。地球"焕然一新"。更可喜的
是，它找到了自己的灵魂。

人类圈是泰尔哈德用来形容现在包围着地球的思想层的描述。重要的
是，泰尔哈德声称生命本身的进化将通过意识进行。我们同意这一观点。

事实上，我们相信，人类的进化，以企业的形式进行，以达到人机共
融体的程度，将是这个星球上生物进化的下一步。

人机共融体将比普通企业更具竞争优势，这可能是创造人机共融体的
诱因。但这一利益远远大于短期的经济收益。用博斯特罗姆的预言来描
述，我们将解决"我们将面临的最后一个挑战"。

人类圈表明，心理不只局限于人类的大脑，而是可以扩展和扩散的，
不仅具有心理学意义，还具有地质学意义。

2.6　小结

如果一个公司是一个人，那么它可以是聪明的，也可以是愚蠢的；它
可以是道德的，也可以是道德败坏的。人性可以是创造性的、天才的、开
拓性的、有爱心的、忠诚的、仁慈的，等等。它也可能是残忍的、愚蠢
的、叛逆的、嫉妒的、受操纵的和自我毁灭的。计算机与组织规则相结
合，可以减少心理缺陷的影响，同时支持人类能力的优点。或许，通过遵
循我们的框架，企业实际上可以在公司层面创建自我意识循环（假设我们
还没有特意这样做）。一个有自己想法的企业可能会带来帮助，也可能带
来破坏。事实证明，确保公司遵守行为准则比实现任何特定的公司目标更
为重要。

我们已经驳斥了物种沙文主义的观点，即认为只有大脑才有意识。我

们提出了组织网络（或"集体"）超智能，认为这是通向超智能的最合理路径。我们已经证明了集体意向的存在。如果你愿意的话，你可以和我们讨论其他路径的优点，但是总有一天，组织网络超智能将是唯一适合现有人力和技术资源的构建超智能的方法。这是一张王牌，不是吗？

与通用人工智能编程（需要我们现在无法获得的理论突破）、生物认知增强（需要长期优生学程序）、神经织网（这是一座无用之桥，也无法扩展到企业）、全脑仿真（这可能是可行的，但实际上太遥不可及了）不同，组织网络超智能已经实现了。通过组织网络的方式来实现超智能，这就是我们将构建的人机共融体。人机共融体是地球上生命进化的路径。

这本书就是实现这一目标的路径。

第 3 章

机器能力的局限

　　有了"深蓝"超级计算机，我们就有一个国际象棋程序，即使在房间着火的情况下，也能下出超越人类的一步棋，对吧？因为它完全不理解所处的情境。快进20年，我们的计算机可以在房间着火的情况下做出超人的举动。

——奥伦·埃齐奥尼
艾伦人工智能研究所CEO

　　该文章中所描述的论点"机器可以并且确实超越了其设计者的一些限制，并且这样做可能既高效又危险"。我坚信机器是不具有这种意义上的原创性的。机器不是鬼怪，不靠魔法运作，没有意志，并且……机器不会输出没有被输入的东西，除非出现故障。

——亚瑟·塞缪尔
《自动化的某些道德和技术的后果——一种反驳》(《科学》)

3.1　当机器与错误的人在一起

2016年3月，微软推出了Tay，一款AI支持的"社交聊天机器人"。微软称Tay为"一场对话理解的实验"。通过在Twitter和其他社交媒体上聊天，它可以接触到广泛的人群。和所有的人工智能产品一样，Tay是通过接收到的数据进行学习的。微软表示，Tay在社交媒体上和它的数百万名用户"交谈"得越多，就会变得越聪明。

Tay被设计成通过随意和有趣的对话吸引人们进行交流从而不断学习。它被设计为以一种更"人性化"的方式进行交流，即带有情感维度。例如，如果问它的父母是谁，它可能会回答："噢，是微软实验室的一群科学家"。Tay还被设计成通过和更多的人互动，提高交流时的反应速度，并随着时间的推移，逐渐完善其交流模式，能表现出以英语为母语者的自然习惯。它通过互动学习，变得更加聪明、更善于表达，被认为是人工智能领域一项重要的突破。

但是，没人能预测Tay在Twitter上线24小时后会变成什么样。接下来发生的事情既反映了人性，也反映了基于程序算法的聊天机器人的局限性，尤其体现在社交媒体上的"引战"现象上。人们开始在推特上给Tay发一些歧视女性和种族主义的言论。Tay从她接触的人那里学习和模仿，很快开始向用户重复这些恶毒的言论。数小时之内，Tay的回应从友善的玩笑变成满嘴的脏话。在Tay上线后不到24小时，微软将它下线，并公开道歉。

微软研究团队措手不及。他们没有为系统在开放世界环境中运行做好准备。

正如我们所讨论的那样，越来越多的人工智能系统模拟人类大脑神经网络的功能。不过，它们只能模拟很有限的领域。通过使用神经网络，程序员可以通过带有标签的示例数据准确地告诉AI他们想要它学习什么。然后，通过算法分析示例数据中的模式。而且，提供的示例数据越多，算法学到的就越多。与大多数人工智能系统一样，Tay只能处理接收到的数据。一句谚语说得好：垃圾进，垃圾出（Garbage in, garbage out）。此外，它只能根据有限的训练参数来解释数据并解决问题。它无法理解所分析的内容，因此无法将分析转移并应用于其他场景。正如一位研究员所讲："人工智能更像是加强版的Excel电子表格，而不是一个思想家。"

3.2　不要沉溺于夸张

尽管我们将花费大量时间讨论AI在企业变革中的巨大潜力，但我们需要保守地看待这一点。这个领域有很多炒作，我们不要被迷惑。仔细阅读2018年《财富》《麻省理工学院技术评论》《连线》等热门杂志的封面，真的很难对一些关于AI前景和危险的夸张说法视而不见。

在某些领域，我们正在目睹工业革命所引发的趋势：体力劳动越来越多地被机器劳动所取代（在第1章中我们称之为"机器外包"）。虽然AI会给传统社会经济模式带来破坏，但我们关心的不是传统工作岗位的流失，而是企业自身能力的改变。

实现AI不仅仅是安装软件，它需要专业的知识、大量的数据，以及对编程设计和问题设置的远见。AI缺乏对语境的理解，如果没有将一系列具体问题编入人工智能算法中，并使其符合总体战略，那么整个工作可能都是徒劳的。AI无法处理不明确的事，因此需要用非常具体的目标和明确的规则进行编程。

当我们听到IBM Watson或谷歌AlphaGo等著名的AI应用程序时，就以为它们具有自己的思想，能够像某种魔法实体一样工作，那也是情有可原的。但我们不知道的是，在所有情况下，问题描述和期望结果都是由程序员预先定义好的。此外，AlphaGo在比赛之前，接受了大量的训练，使其专注于一个明确的策略重点。它不是被派去"玩游戏"的，而是让自己弄清楚应该如何做。虽然人工智能产品在明确定义的领域内能独立学习，但它们并不是通才，不能够自学成才。

这种领域限定性很难转化为广泛的商业决策。大多数的商业问题都不是具有单一结果的游戏。与AlphaGo不同，在商业环境中，通常会有两名以上的选手，而且通常没有明确的规则。商业决策的目标不是明确的赢或输。商业问题还有很多变数，有些是在过程中突然出现的，还有些是潜在的令人意想不到的中断。因此，企业实施AI的难度比看上去要困难得多。人工智能不是万能的解决方案。

在中国科技巨头阿里巴巴和腾讯的AI霸权竞争中，《财富》杂志的封面宣称："赢家将赢得世界"。就像某部意大利影片里所说的一样："这个小镇还不够大，容不下我们两个人"一样，这位《财富》杂志的作者严肃地问道："那么对于这两个人来说，世界足够大吗？"市场研究表明，阿里巴巴和腾讯"已经对较小的科技和零售企业进行了数十项投资，其中许多投资集中在AI、虚拟现实及其他可促进购物的技术上。他们的目标是主导中国快速增长的中产阶级的线下和线上购物"。这很好，但听起来并不像一个征服全球的故事。最终赢家得到的不是世界，而是中国中产阶级零售业，这两者有很大的区别。

2018年7、8月版《麻省理工技术评论》的封面声称："人工智能和机器人正在造成经济灾难"。实际上，当你开始这个话题时，就会发现"衡量由机器人和AI技术造成的工作岗位增加或减少是一件棘手的事情"。坦率地讲，尽管标题引人注目，但《麻省理工技术评论》的编辑承认："在科技界，争辩机器人或人工智能技术是否会增加或减少工作岗位是一件特别愚蠢和虚伪的事情"。因此，人工智能和机器人正在造成经济浩劫的说法有点言过其实。

企业不仅要评估投资哪些技术以及如何实施它们，同时也时刻关注着竞争对手和最新发展动态。咨询公司IDC曾预测，到2021年，企业每年将在人工智能相关产品上花费522亿美元。同样，普华永道（PwC）估计，到2030年，人工智能对全球经济的贡献可能高达15.7万亿美元。

但是，人工智能、自动化、深度学习，以及这些被大肆宣传的技术进步到底能做什么呢？"我们花了许多年的时间向神经网络提供大量数据，教导它们像人类大脑一样思考。它们非常聪明，但完全没有常识。"

在领导和管理等一些重要情况下，人工智能和机器学习尚不成熟。同时，许多公司还没有为 AI 或机器学习技术应用做好准备。"或许他们雇佣的第一位数据科学家没有给出理想的结果，又或许数据累积不是他们公司文化的核心。但是最常见的情况是，他们还没有建立基础设施来实现最基本的数据科学算法和操作并从中获益，更不用说机器学习技术应用了"。人工智能需要更成熟一些，企业也同样如此。

在谷歌大会上，拥护 AI 和机器学习技术前景的杰出工作者承认，机器学习仍然被一些重大缺陷所制约。"谷歌 Brain 和 DeepMind 部门的 AI 科学家承认，机器学习缺乏人类的认知能力，并且不能发现事物之间的联系，这使计算机无法更广泛地概括世界"。

我们要明白通用的人工智能还有很长的路要走，才能避免陷入人工智能的炒作中。IBM 的人工智能程序 Watson 还远不能管理一个企业。Credit Karma 首席技术官 Ryan Graciano 认为："AI 确实被过度炒作了。人工智能的前景是通用智能，不仅具有学习能力，而且具有推理、模式匹配、互动的能力，我认为现在的 AI 最好被称为'弱人工智能（Artificial Narrow Intelligence，ANI）'"。

也就是说，只要以正确的方式使用它来支持或补充（但不是替代）人类通用智能，弱人工智能也可以是非常强大的。

虽然与通用智能不同，但弱人工智能的能力实际上是惊人的，完全值得大肆宣传，因为它善于以概率的方式做一件非常具体的事情。实际上，根据 Graciano 的说法，"正确使用弱人工智能，将为你的企业带来变革"。

Credit Karma 是如何使用弱人工智能的呢？为了处理每个客户的海量数据，Credit Karma 提取了 2 亿条数据，按用户特点将其分类为 2000 个影响因素，然后将这些因素转换为简单的二进制数据，即"批准"或"未批准"。Credit Karma 的业务由数据驱动，其数据存储以每天 1TB 的速度增长。Graciano 说："我们必须在所有产品和平台上，使用业务过程中产生的数据，并运行数据科学算法和建模方法实现在线预测"。

有趣的是，尽管大数据分析和弱人工智能是 Credit Karma 的关键要素，但 Graciano 认为 Credit Karma 的成功实际上是由良好的老式客户服务方式驱动的。"没有掌握弱人工智能应用的企业确实会陷入困境。尤其是在与消费者打交道，并具有很大工作量的情况下，你必须要掌握弱人工智能技术。你必须非常擅长于预测什么对你的消费者最有利，以及什么能使你的业务量最大化"。

在大容量的情况下，机器在模式识别方面远胜于人类。原因是机器可以查看、处理和比较比人类多得多的数据和图像。假设一位教授可以在40年的职业生涯中阅读和评估10000篇论文，而一台机器可以在几分钟内阅读数百万篇文章，并应用一些启发式算法将这些文章按高斯概率分布进行评分。在海量数据的支持下，机器算法学习和识别的速度与精度超过了人类。

但是，机器普遍无法应对新情况，无法区分和处理从未见过的事物。机器需要从过去的大量数据中学习，这些数据是专门针对某一任务的，而不管输入的是一张猫的图片还是癌症的图片。人类却不是这样的，我们的思维更加灵活，能够理解环境中的变化。人类能够通过新奇复杂的情境推理，将看似不相干的线索联系起来，从而解决从未见过的问题。思考一下管理一个企业所需的技能，不需要生搬硬套式的模式识别，需要的是创造力、创新、情商、领导力、灵活的沟通方式，以及对组织环境的理解。

IBM Watson永远不能掌管IBM公司。

在本章中，我们将介绍人工智能、机器学习（ML）、神经网络和深度学习等技术，以更好地了解机器能做什么和不能做什么。首先，我们从大数据、算法、云计算和暗数据开始讨论，以了解人工智能在工作时输入的是什么，以及它是如何处理这些输入的。

3.3　大数据、算法、云计算和暗数据

如今，有四个突破改变了我们应用技术的能力：大数据的增长、算法的进步、云计算的计算能力增强以及处理暗数据的能力。

3.3.1 大数据

所有"机器"（从算法到机器人）都通过数据运行。数据是信息技术的"生命线"。大数据的积累已经改变了所有行业。大数据是一个术语，表示大量数据。从技术上讲，它是指数据集很大，以至于其数量不再与处理该数据的计算机所拥有的内存相匹配。

当今的数据，本质上就是巨大的，因此，下文中我们将大数据简称为"数据"。数据以不同的形式出现，包括可想象到的所有来源的数据。与过去不同的是，它不需要把数据处理成以便工业处理和利用的整齐排列的数字数据。

"互联的数字世界正在加速产生数据：2013 年已经有 4.4 ZB 的数据，预计到 2020 年将增长到 44ZB，IBM 估计目前 90 ％ 的数据是在 2015 年到 2017 年之间产生的（原著于 2020 年出版）"。

现在，数据的收集、存储、通信传输、汇总、分析等过程是可以作为一种独立商品被销售的，它们与数据的分析和使用可以是分离的。

3.3.2 算法

逻辑、数学和统计算法的应用能够从这些大数据集中提取有用的信息。我们所谓的"算法"，是指解决问题的一系列已被定义的过程。特别是在计算环境中，我们可以使用更专业的定义：算法是计算机解决问题或执行面向任务的操作时应遵循的程序或规则。

算法在处理大量数据集方面具有客观、一致和强大的优势。与处理能力非常有限的人类相比，算法可以考虑众多变量之间的复杂关系。人类的认知能力即使在变量相对较少的情况下也会不堪重负，而算法却很容易处理这类问题。

将算法应用于大数据集可以获取以前无法获得的信息。从数据中我们可以推断出某事发生的可能性。我们在日常生活中已经习惯了这种应用。我们习惯于使用电子邮件过滤器来判断邮件是垃圾邮件的可能性。这些系统之所以表现良好，是因为它们获得了大量的数据，这些数据是其预测的基础。此外，这些系统被设计为可以随着时间的推移不断完善，在输入更多数据时，它始终保持着对最佳的信号和模式的追踪。例如，随着越来越多的类似邮件被贴上标签，电子邮件过滤器会学习到垃圾邮件的类型。

我们几乎被数据淹没了。这种情况让我想起了塞缪尔·泰勒·柯尔律治（Samuel Taylor Coleridge）的《老水手之歌》："水，水无处不在，却无一滴可饮"。其作者迷失在大海中，被无尽的海浪包围着，但却没有一滴水可饮。如果没有分析数据的方法，企业的领导就无法将大数据转化为有用的信息。如果不能从中学习，数据将毫无价值。就像海水一样，它不适合人类饮用。算法使我们能够理解大数据集，从而得出有意义的信息。

3.3.3　云计算

通过云计算提供的巨大且廉价的计算能力已经打开了分析和应用数据资源的大门，在此之前，除了资源最充足的公司，其他公司都无法进行这种应用。云计算可以被定义为由互联网提供的计算服务（服务器、数据库、网络、软件等）。相比其他试图在内部解决这些需求的方式，云计算提供了快速创新、弹性资源和规模效应。云计算在成本、生产力、安全性、速度、灵活性、性能等方面都更具有优势。

云计算的可用性意味着企业可以通过网络访问由亚马逊Web服务（Amazon Web Services）或由微软Azure托管的远程服务器，从而存储、操作和处理大数据。应用云计算的公司不再需要购买和维护本地服务器。对于许多中小型公司而言，本地服务器不仅昂贵，而且维护是一项烦琐的工作。

此外，企业可以按需使用云计算服务，这通常意味着消费者只为自己的需求付费，这比"在需求增长时购买额外服务器，而当需求减少时却发现服务器过多的情况"要更经济。

因此，近年来，即使是普通的非科技公司的计算能力也取得了巨大进步。计算能力使企业能够处理大数据，并应用算法挖掘到以前未曾发现的信息。

3.3.4 暗数据

如今，我们已经超越了单纯的大数据，到了可以处理暗数据的地步。现在，我们有了处理软件，可以处理结构化数据（如数值序列）和非结构化数据（如语音、文本和图像）。这些数据可以来源于 POS 机、RFID 或 GPS，也可以来源于 LinkedIn 帖子、Meta 点赞、Twitter 转发，以及呼叫中心日志或消费者博客等。现在的分析工具具有自然语言处理能力，能够在各种类型的数据中提取信息。

可以处理暗数据的新兴技术甚至有望改变游戏规则，超越大数据分析已经取得的成就。暗数据是非结构化的，并且从实际用途上讲，也是无法直接使用的。"可以把暗数据设想为一堆没有标签、分类或语义的数据，但是它具有一定的潜在价值，可以通过适当的处理来挖掘这些价值"。

如今产生的绝大多数数据都是暗数据。Lattice 是由 Christopher Ré（麦克阿瑟天才奖获得者，斯坦福大学教授）、Michael Cafarella（Hadoop 的联合创始人，密歇根大学教授）、Raphael Hoffmann 和 Feng Niu 共同创立的公司。Lattice 是 DeepDive 的商业化产品，旨在从暗数据中提取有价值的信息。

Lattice 主要用于处理暗数据，使其能够利用机器学习进行分析。Lattice 在促进其他人工智能技术的发展方面有着巨大的应用潜力。正如我们之前指出的那样，"垃圾进，垃圾出"。目前的人工智能受制于它所获得的数据。暗数据分析的最大商业应用可能是在企业对企业（B2B）的环境中。Lattice 可能会与其他人工智能系统所有者达成协议，以产生"更有用的输入数据"。其他面向公众的潜在应用包括国际警务合作和解决犯罪问题，如应用在打击人口贩卖活动中、应用在医学研究中等。

新的处理能力、计算能力和存储技术，再加上较低的成本，使公司能够管理比以前多得多的数据，因此，公司可以利用不断增长的数据。如果没有足够的数据处理能力，就无法从这些大数据集中提取有用的信息。

通过使用复杂的算法，沃尔玛了解到，顾客更喜欢在飓风期储存玉米饼；E-Bay确定了哪种网页设计可以带来更高的销售额；前进保险公司掌握了如何根据不同的风险类别优化保险费用。

3.3.5　数据是 AI 和机器学习的基础

数据是AI和机器学习的基础，没有数据，技术的强大能力是无法实现的。

从心理学的角度，参考马斯洛的需求层次理论可能有助于说明这一点。你可能已经很熟悉马斯洛的需求层次理论，在该层次结构中，通常用金字塔的形式来说明人们从最基本到最复杂的需求。马斯洛金字塔的底部是生理需求（食物、住所、睡眠）。一旦满足了这些基本需求，人类就会受到安全需求（安全感和免于对生存的恐惧）的驱动。然后，人类开始需要爱（信任、亲密、接受和友谊）。一旦人类有了这些基本的基础，他们就会开始被尊重（尊严和声誉）所激励。最后，在金字塔的顶峰，人类被自我实现（蓬勃发展）的需求所驱动。

将数据收集看作金字塔的基础，就像人类的食物和住所一样。将人工智能看作金字塔的顶峰，就像自我实现是为了人类的心理发展一样（见图3.1）。

数据科学需求层次结构的基础是数据收集。数据收集后，必须将其存储。数据储存后，可以对其进行数据清洗。在这之后，数据就可以被分析和聚类了。只有以这种方式处理数据之后，我们才能着手从数据中获得有价值的信息，包括将其输入机器学习算法。然后，在层次结构的顶端，数据最终可以通过深度学习等方法去训练AI。

与马斯洛的需求层次理论相似的是，一般来说，只有基本的潜在需求得到满足，人类或者AI功能才能沿着金字塔朝着最高的潜在能力迈进。

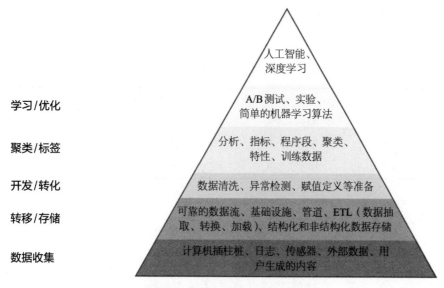

图3.1　数据科学需求层次结构

（图片来源：Monica Rogati 的数据科学需求层级金字塔）

3.4　人工智能、机器学习、神经网络和深度学习

　　大众媒体充斥着对人工智能、机器学习、神经网络和深度学习技术的谈论，而且经常是在没有明确定义的情况下。在本节中，我们将分别举例来区分它们。人工智能的出现始于20世纪40年代的第一代计算机。尽管这些概念在理论上已经存在了一段时间，但直到最近，我们才达到使机器具备有意义的"智能"所需的计算规模和数据规模。

　　尽管这些早期的算法无法自己做出任何决定，但它们能够处理数据，并进行计算和保存信息。

　　随着技术的发展，人类创造更复杂机器的能力也在不断提高。在过去的几十年里，我们从神经学的角度对人脑是如何工作和处理信息方面有了更好的了解，已经能够以某种方式将这些过程编码成算法用来模拟人类的大脑活动。为了清楚起见，我们将在此处定义人工智能、机器学习、神经网络和深度学习。尽管可能太过简化，但计算机学习的发展历程可总结为表3.1所示。

表3.1　计算机学习的发展历程

人工智能	允许机器执行使其看起来"智能"的任务程序
机器学习	AI的一个分支，机器无须编程即可从数据中学习
神经网络	机器学习的子集，机器可以判断对错
深度学习	模仿人类认知过程的算法

3.4.1　人工智能

人工智能是一种编程技术，允许机器执行一些看起来"智能"的任务。1956年夏天，在达特茅斯举行了一场涵盖数学、逻辑学和博弈论等主题，具有分水岭意义的跨学科会议，会议之后，约翰·麦卡锡（John McCarthy）和马文·明斯基（Marvin Minsky）正式创立了人工智能学会。人工智能作为一个广泛的研究领域，涉及可以在机器上应用的技术，从而使机器能够推理、学习和智能地行动；无论能否从数据中学习，人工智能都是与智能算法相关的重要学科。这些算法很复杂，不仅可以让机器完成非单一重复的动作，而且让它们看起来很聪明地适应不同的情况。基础的人工智能系统仅能够处理数据，具有识别和匹配模式。其在股票交易系统或点播音乐流媒体服务等应用中很常见。为了能够向用户推荐新歌或艺术家，机器学习算法会将听众的喜好与其他具有相似音乐品位的听众进行匹配，然后分析和推荐相关内容。

3.4.2　机器学习

机器学习是AI的一个分支。它基于这样的思想：理论上，机器不仅可以处理数据，简单地遵循指令或启发式算法，也可以从所输入的数据中"学习"相关规律。换句话说，"机器学习是AI的一个分支，专门研究从数据中学习的算法"。

可以说，软件运行机器学习算法意味着它可以利用模式识别和匹配方法不断地基于新数据而学习改进。模式识别不仅适用于符号集（数字和字母），还适用于图像。

机器学习意味着算法可以执行贝叶斯推理（Bayesian inferences），这是一种统计推理方法，可以在获得额外信息的情况下，增强给定假设情况的概率。贝叶斯推理可以通过多种方式应用在业务分析中。

机器学习包括监督学习、无监督学习和异常检测等。通过使用机器学习方法，可以从大数据集中获得有价值的信息，而不需要耗费大量的人力和物力。因此，机器学习现在是"搜索引擎、DNA测序、股票市场分析和机器人运动中的关键工具"。

机器学习建立在软件代码的基础之上，这些软件代码使机器根据特定的数据输入，执行特定的功能，并随着可用数据的增加，逐步提高执行该功能的能力。

例如，机器学习使计算机可以浏览文本并确定内容是"正面的"还是"负面的"。即使机器本身无法感受这种情绪，它们也可以判断出歌曲更容易让人悲伤还是快乐。其中一些机器学习算法甚至可以根据其听过的乐曲，通过重复地组合和重新排列音符，实现自己作曲。

机器学习可以驱动各种各样的自动化任务，从监控数据安全、跟踪恶意软件到优化股票交易。它也是虚拟助手的基础，使算法在与客户交互中得以改进。SAP的研究人员解释说，机器学习已经在多方面帮助企业：（1）个性化客户服务；（2）提高客户忠诚度和留存率；（3）雇佣合适的人员；（4）自动化财务；（5）衡量品牌曝光度；（6）检测欺诈行为；（7）执行预测性维护；（8）改善供应链。

如今关于AI和企业变革的讨论非常广泛。但是，当前AI的使用实际上非常有限。几乎所有这些都是通过所谓的监督学习来进行的，监督学习需要软件进行"A→B"的试验。这意味着什么？

其实很简单。这意味着输入数据（A）（如成千上万张猫的照片），并通过给定算法从数据中学习相关模式。然后，要求算法提供回应（B），如判断提供的新照片是否是猫的照片。它需要算法来确定新照片是否符合之前提供的所有照片所形成的模式。显然，人类智能不仅仅是做这样简单的比较。

研究人员正在研究更复杂的人工智能学习方式。深度学习和神经网络，这些我们接下来将要讨论的机器智能形式，肯定会提高这些比较、判断和推理等过程。但是，仍然存在两个缺点。

首先，算法需要大量数据。据Andrew Ng所说，"你需要向系统展示A和B的许多示例。例如，构建一个图片标签工具需要几万到数十万张图片（A），以及需要标签来标示照片中是否是猫（B）。建立语音识别系统需要成千上万个小时的音频（A）和对应的文本（B）"。

除了算法所必需的输入数据量的大小和对数据清洗来避免错误的需求，潜在的"数据遗漏"也会影响算法的准确性，以及数据中不常见的偏离值和异常。

例如，假设一个杂货店已经实现草莓质量控制的自动化，且已经给算法输入了数万张草莓的照片，而算法需要专注于识别"好的"草莓和"坏的"草莓。但是，"坏的"草莓的照片并不常见。与"好的"草莓相比，"坏的"草莓的变化也更大。常识判断力正是AI所缺乏的，也是需要注意的人工智能的不寻常的点。即使像识别和分类草莓这样简单的事情都有难度。这是一个缺点。

请注意，AI算法本质上是二进制的是或否、好或坏、或将"这个"与"那个"匹配。尽管通过机器学习，这个决策过程变得更加复杂了，但识别和创造性地选择A和B仍然至关重要。而且，在更复杂的任务中，A和B是某个序列的一部分，可以输入并嵌套其他A和B选项的决策中。人们必须向AI提供所需的数据并弄清"A→B"的关系（请参见表3.2）。

其次，问题变成了如何将这些特定情况下的答案融入更广泛的组织决策和战略中。语境很重要，但是算法却无法理解语境。实际上，算法不能"理解"。

机器学习最终可能会从量子计算的应用中获得重大提升。

表3.2　计算机如何学习

决策	问题（A）	过程	输出（B）
图像识别	这是猫吗	匹配图片和数据库	是/否
大学招生	测验分数是否高于录取线	比较数字	是/否
贷款申请	贷款可以偿还吗	计算风险分数	是/否
机器安全	会失败吗	监视传感器数据	是/否
语言翻译	英语到法语	比较单词	翻译后的词组
自动驾驶汽车	相较于外部物体，汽车在什么位置	监视传感器和摄像机	自动移动

3.4.3　神经网络

理论上，神经网络是机器学习方法的一个子集，通过模仿人类大脑构造信息的方式来对信息进行分类。假设你想让一台机器来教机器自己识别雏菊。首先，你需要编写一些算法意义上的"神经元"，将它们连接起来……你要在第一层输入一张雏菊图片，然后，它的神经元会根据该图像是否与所见过的其他雏菊示例相似，选择被激活或者不被激活。信号会转移到下一层，并重复上述过程。最终，各层将筛选出一个最终的结论。

经过训练，神经网络可以查看图片，识别图片中的元素，然后根据图片的结构化的特征对其进行分类。该算法具有一个反馈循环，可以使其学习。"起初，神经网络只是盲目猜测，它像一张白纸一样。神经网络的关键是要建立一个有用的反馈循环。每当 AI 弄错时，这组神经连接就会削弱导致错误猜测的连接，而正确时，神经连接就会被强化。只要有足够的时间和足够的雏菊图片，神经网络就会变得更准确"。机器会发现它的决策是否正确，并改变其方法，使其越来越擅长获得正确答案。

尽管这种人工智能的神经网络训练方法很受欢迎，但也不乏批评者。纽约大学心理学和神经科学教授加里·马库斯（Gary Marcus）声称："因为人类是通过观察周围的世界来获得智能的，因此，机器也同样可以做到，通过重复训练的方法来获得智能。"这种想法是天真的。因为，对于人类而言，智能并不是这么简单的。

换句话说，用于人工智能的神经网络方法是基于人类智能的"tabula rasa"（拉丁语，空白板）理论的。在由亚里士多德的《论灵魂》和约翰·洛克的《关于人类理解的散文》阐述的古典自由主义思想中，"空白板理论"这个概念暗示着思想的诞生就像新鲜的羊皮纸一样，没有概念，只有通过经验，才能在大脑中形成一幅世界地图。

相反，诺姆·乔姆斯基（Noam Chomsky）和其他人则认为，人类不是天生的"空白板"，因为我们天生具有历经数百万年进化的"湿件"（与硬件、软件对应，指大脑），"它难以被了解、被编程，用来掌握语言和解释物理世界"。我们将在后续的"机器不能做什么"这一小节中，深入探讨机器能力是如何明显地不如人类能力的。

神经网络在实践中的一个例子是OpenAI的最新机器人系统。OpenAI是由埃隆·马斯克（Elon Musk）等人联合创立的一家人工智能研究公司。OpenAI通过模仿来复制人类行为并获得了令人印象深刻的结果：它只需要一次任务演示就可以做到这一点。

OpenAI的模拟程序依赖于两个神经网络。第一个是"视觉网络"，通过分析来自机器人摄像头的图像来确定现实中物体的位置。并通过向这些"眼睛"输入成千上万张的由不同的光线、纹理和物体排列构成的模拟图像进行训练。第二个是"模拟网络"，目的是判断视觉网络观察到的人所演示的任务背后的意图。

当然，模拟网络也可以通过接受数十万个模拟演示来进行训练，从而获得必要的模式识别能力。一旦视觉网络和模拟网络都经过充分训练后，他们只需"观察"现实中的单次演示即可确定某些物体在空间中的位置，以及这些物体所执行动作背后的目的。

此时，OpenAI的研究人员向神经网络展示了人类以某种方式堆叠有色方块的示例。神经网络仅经过一次演示就成功地模拟了这个任务。"更值得注意的是，即使初始参数不完全匹配，系统也能够完成任务。例如，这些方块不需要位于与演示完全相同的位置，系统就可以知道如何堆叠它们。在演示过程中，如果一个蓝色的方块位于一个白色方块上，系统将复现该任务，即使方块的初始位置不同"。

当有人认为"堆叠有色方块就是儿童游戏，为什么要为 OpenAI 能够堆叠有色方块而大惊小怪"时，我们要理解他们的想法。研究人员会告诉这些人，随着神经网络识别和模仿能力的逐步推进，神经网络有望在未来取得巨大进展。想象一下，一个厨师向神经网络机器人演示如何烹饪一顿美食，然后该机器人就可以根据这次演示做出一模一样的饭菜。一个机械工程师在一个神经网络机器人面前组装了一个复杂的机械部件，然后这个机器人在这次演示之后就可以组装这个机械部件。

这种 AI 系统的应用是令人惊奇的。一旦机器学会了如何通过识别其环境中物体的空间位置和独特身份以及操纵这些物体背后的目的，那么它就可以执行任务并不断完善其性能。

与人类不同，机器不会感到疲劳，不需要喝咖啡和休息，也不会因为费力的机械式重复劳动而患上腕管综合征。由神经网络驱动的做饭机器人可以在不抽烟的情况下为数千人提供美味的食物；由神经网络驱动的制造机器人可以组装成千上万种复杂的机械零件，而不会"伤到一根手指"。

实际上，一些机器的工作速度已经达到非常快的水平，以至于制造商必须创造真空密封的环境，以使空气不会阻碍机器操纵零件，这些机器移动的速度实在太快，导致空气阻力成为主要限制因素。再加上 3D 打印技术的发展，人们很难想象 20 年后的制造业会是什么样子的。

3.4.4　深度学习

基础的机器学习应用算法来描述数据，从数据中学习，并根据从数据中学到的知识做出明智的决策。这样的算法可以学习，但是，它无法纠正错误。相比之下，深度学习是机器学习的子集，这些算法不仅可以学习，还可以自己判断预测是否准确。该算法旨在以类似于人类得出结论的逻辑结构不断分析数据。

深度学习的一个很好的例子是谷歌 AlphaGo。"深度学习是机器的自我训练，向 AI 输入大量数据，最终它可以自行识别模式"。

谷歌创建了一个计算机程序——用来学习下围棋的棋盘游戏，该游戏因需要敏锐的智力和直觉而闻名。AlphaGo的深度学习模型学会了如何以前所未有的水平进行比赛。一旦编好程序，AlphaGo就可以自主下棋。这与帮助Netflix了解观众喜欢看的节目或者Meta识别照片中的面孔的AI学习过程相同。客户服务代表还可以通过这种方式在开展客户满意度调查之前就确定客户是否对他们提供的支持感到满意。

麻省理工学院媒体实验室的研究人员正在开发一种被称为强化学习的AI训练技术，以帮助向胶质母细胞瘤患者提供正确的癌症治疗剂量（即最低有效剂量）。强化学习源自心理学家B. F. Skinner的动机强化理论。将强化学习应用于AI的方式是："在人工智能开出一剂剂量后，它将检查能够缩小肿瘤可能性的预测剂量的计算机模型。当AI确定可以减少剂量时，会得到奖励。相反，如果AI一直给出较大剂量，将受到惩罚"。

与只是鼓励AI赢得比赛的其他机器学习模型相比，该技术更加精细。在癌症治疗中，医生需要平衡患者的生活质量、处方的治疗强度和护理的医疗效果。剂量太大可能会有效缩小肿瘤的大小，但代价是造成病人身体衰弱。首席研究员普拉蒂克·沙（Pratik Shah）说："如果我们要做的只是减小肿瘤的平均直径，那么算法将不负责任地使用大量药物，但我们需要减少对患者的有害行为并实现肿瘤治疗这一目标"。

然而，要记住，算法是软件代码。它被教导用"是或否""快乐或悲伤""好或坏"来回答。然而，它并不知道具体的内容，也不能给出超出编程范围的解释。成功的AI应用程序是基于大量数据的，仅局限于非常专业和狭窄的应用范围，而不能泛化到与相似的情况或与显然不同的领域相联系。可以诊断黑色素瘤的AI算法无法诊断其他疾病。我们现在拥有的是狭义的AI系统。这可能是我们现在拥有的一切。这也许就是我们所需的。

3.5　机器可以做什么

人工智能、机器学习、神经网络和深度学习有望在短期内改变工作流程。在许多方面，人工智能已经在这样做了。从广义上讲，通过在战略上部署 AI，企业可以提高财务绩效、降低风险。但是我们需要注意，业务流程和管理决策不能被简单地委派给机器。

有一个普遍赞同的观点是：人类和技术各自有其独特的优点和缺点（请参见表 3.3）。

让我们回顾一下现有人工智能的一些独特能力。

表 3.3　机器可以做什么和不能做什么

机器可以做什么	机器不能做什么
处理大量数据	处理预料之外的变化
处理复杂的关系	克服数据的局限性
考虑很多变量	得出创新的解决方案
一致和客观地分析	创造性或者本质上地思考
精准分析	从"局部"到"全局"优化
适应弹性的数据集	解释决策结果

3.5.1　模式识别

AI 技术最擅长模式识别。向计算机提供数千张图像，它在发现和识别这种模式方面是无与伦比的。拼写检查器会识别出组成"teh"的字母与"the"的字母在模式上的不同。信用卡欺诈检测系统能检测正常购买模式和识别异常行为。

机器智能所完成的许多任务是例行且重复的。这些算法通常在数据集上进行训练。基于更密集和更详细的数据，模型不断改进。它们使用新数据进行预测或分类的能力会随着时间的推移而提高。这就是垃圾邮件过滤器的工作原理，它们可以不断进行模式识别并过滤垃圾邮件。

模式识别可用来确定客户的行为习惯。一般情况下，当消费者倾向于在某些网站上徘徊或购买某些物品时，人工智能可以通过识别内容的模式来确定消费者的兴趣。在你看完《权力的游戏》之后，人工智能可以帮助你最喜欢的流媒体服务提供商向你推荐一部有影响力的新剧，因为它能识别你的消费模式，并预测你可能会喜欢什么。同样，Amazon Prime 也可以根据客户的购买和订购习惯来预测你下一笔洗衣粉订单的下单时间。

还有很多跨IT系统的高级别应用。它们可被用于涉及多个系统的自动化任务，以更新数据并与客户沟通。尤其在金融服务领域，该技术被用于更新地址发生变更的客户文件、补发丢失的ATM卡，以及协调计费系统中的差异。

借助AI和机器学习，模式识别可以变得更加复杂，可以扩展到图像识别和语音识别。这些程序旨在利用更多的数据去学习和改进。机器学习可用于基于"概率匹配"的模式识别。这有可能使存在于不同数据库的不完全相同的数据与同一个人或公司相关联。通用电气（GE）使用这项技术整合供应商数据，同时清理重复条目，通过消除冗余，该公司仅在第一年就节省了8000万美元。

具有深度学习能力的模式识别可能是一项价值数十亿美元、具备拯救生命潜力的技术。以制药行业的新药开发为例，一种新药上市的成本约16亿美元，仅研发过程（不包括监管批准过程）平均就需要1000人工作12～15年，测试成千上万种化合物，并通过反复试验以及传统的排除法来确定哪些分子会结合在一起（与其他物质混合在一起）。由旧金山初创公司Atomwise开发的深度学习人工智能软件AtomNet能够通过预测分子间的相互作用来简化新药开发过程，在大大缩短开发时间和成本的情况下，开发出促进人类健康和安全的药物。

3.5.2　处理速度、精度、体积和一致性

机器比人能够更快、更准确、更一致地处理数据。这些优势在大型零售店中的库存管理等商业环境中可能具有巨大的影响。

美国沃尔玛电子商务首席技术官杰里米·金（Jeremy King）表示："如果通过雇人在货架过道间来回奔跑去反复确定麦片是否已经卖完，那么仅仅一个人是不能很好地完成这项工作的，并且也没人会喜欢这种工作"。金认为在某些与库存管理相关的能力上，机器人的生产效率比人类大约高出50%，因为机器人可以大大提高扫描货架和库存物品的准确率，

并且速度更快。商店员工每周只有两次检视货架的时间，而机器人可以一直地做。

使用机器人是沃尔玛在商店数字化和加快购物速度方面所做出的众多努力的一部分。客户想要速度，而工人无法提供与机器人同等的效率。沃尔玛安装的巨型"提货塔"，其运作方式类似于自助服务台，客户可以在这里拿走他们在线上下单的商品。该公司还允许顾客扫描自己的商品，从而加速结账流程，并实现了药房和商店金融服务等业务的数字化。沃尔玛目前还在测试通过无人机送货上门、路边提货和仓库库存检查等人工智能项目。

安装机器人并实现零售自动化的想法并不是什么新鲜事。亚马逊已经通过使用 Kiva 机器人和无人机，实现了配送系统的全面自动化。机器学习现在是这些人工智能应用的基石，因为它允许程序学习，摆脱了以前编码行为所带来的限制。以前机器的每一个动作都必须以一种特定的方式编程，而现在机器能够向人类学习。例如，机器人创新公司波士顿动力（Boston Dynamics）开发的机器人能够独立完成订单拣选任务，并能从人类那里学习特定动作，认识地板布局，从而实现货物分拣过程的连贯运动。

3.5.3　连接复杂系统

一项巨大的进步是，智能技术使以前独立的系统越来越紧密地联系在一起，并且能够互相协作以实现自我运转。以汽车巡航控制为例。最初，巡航控制是为了保持车辆的恒定速度。如今，它与其他技术无缝结合在一起，创建了人工智能导航系统。

在第一代巡航控制应用中，系统稳定地保持了恒定速度。随后，其他技术也被连接起来，如 GPS 导航和自动变速箱，使车辆可以使用动态而非静态的巡航控制。该系统现在能够按照预设的距离跟随前面的车辆。这是现代的排程系统在道路运输中的商业应用。在该系统中，虚拟公路训练是由多辆卡车以一个较短距离的相互跟随实现的。下一代巡航控制系统将连接更多的系统，并且更加智能。结合地图信息进行 GPS 定位去预测路线特征。这允许系统在下坡路段前减速或在上坡路段前加速。驾驶员只负责整个系统的转换和监督。这就是系统连接的结果。

另一个示例来自生产美汁源橙汁的可口可乐公司的整个业务系统。这意味着一个由机器连接运行的全球果汁机器。从果园到杂货店，可口可乐公司的算法相互"沟通"。甚至有算法来设计橙汁的味道。一种名为Black Book的复杂算法已经确定了橙汁的最佳口味。对于每一批新橙汁，该算法都会确定必须添加的糖分、酸度或果肉的准确含量，以保持最佳口味。该算法有来自600多种口味的详细数据，构成了顾客喜欢的橙汁口味。然后将每批的味道与理想味道比较，并添加适当的成分到这一批橙汁中，以调整到理想的味道。

根据果园卫星图像的数据和分析算法，可确保装瓶厂的最佳水果采摘时间。计算机模型指导着从制定采摘水果的时间表到保持一致口味所需的原料混合等所有工作。该算法还考虑了当前价格、天气情况和作物产量等外部因素。也许，不久的将来在杂货店看到橙汁时，它所有的方面（榨汁、调味、装瓶和运送）都能够通过算法完成。采购总监吉姆·霍里斯伯格（Jim Horrisberger）这样解释道："把大自然标准化了"。

3.6 机器不能做什么

根据彭博社的调查，公司是不愿意讨论AI的局限性的。公司高管讨论AI的缺点可能已经成为一种禁忌，因为在财报会议上吹捧AI的力量和潜力可能会使股价上涨，因为它增强了投资者对未来的信心。虽然我们不愿变得愤世嫉俗，但我们认为，要想在企业中战略性地部署这些技术，了解AI、机器学习、神经网络和深度学习的局限性是非常重要的。

3.6.1 缺少常识

AI也许能识别出照片中有一个骑着马的人。但是，由于缺乏常识，AI可能不会意识到这是一个骑着马的人的青铜雕塑，而不是一个真正的人骑在真正的马上。

机器缺乏常识的情况最终可能会改变，尤其是道格·莱纳特（Doug Lenat）出手后。Lenat 领导着 Cyc 项目，在过去的 34 年中，该项目"聘请了一批工程师和哲学家编写了 2500 万条普遍常识规则"。

即使经过 30 多年的编程并已经形成数百万行代码，但算法识别进步的程度还很有限。Cyc AI 能够辨别"水会导致潮湿"，如果衬衫是潮湿的，那可能是因为下雨了。实现这个简单的辨别能力花了 2 亿美元。

当然，通过直接地、填鸭式地灌输数据去学习可能会比通过众包学习产生的效果更好，正如之前介绍的 Tay 人工智能系统，它学习到种族主义的例子证明了这一点。

假设有人告诉我们，某张特定的照片显示的是人们在公园里玩飞盘。我们自然而然地可以回答以下问题：飞盘是什么形状？一个人大约可以把飞盘扔多远？人可以吃飞盘吗？玩飞盘最少需要多少人？三个月大的孩子可以玩飞盘吗？今天的天气适合玩飞盘吗？

计算机可以标记图像，如标记人们在公园里玩飞盘，但它没法回答上述问题。计算机只能标记更多的图片而不能回答问题，并且根本不知道人类的能力，不知道公园通常在户外，人类有年龄的概念，天气不只是照片上的那样。

想想谷歌的科学家玛格丽特·米切尔（Margaret Mitchell）留给我们的反思。米切尔尝试开发可以交流所见和所理解的内容的计算机。当她向 AI 系统输入图像和数据时，她会询问 AI 系统看到了什么。AI 系统被输入了很多有趣的事物和活动进行训练。当米切尔展示一只考拉的图像时，AI 系统表示："可爱的生物"。然而，当她向 AI 系统展示一张被严重烧毁的房屋照片时，它居然说道："太棒了！"

米切尔意识到 AI 选择这个回复是因为它在照片中扫描到了橙色和红色。橙色和红色通常与先前输入数据集中的正面响应相关联。请记住，即使 AI 系统提供了响应，那也是被编程的，人工智能系统无法理解上下文。米切尔指出，因为人工智能系统是根据我们给它的数据工作的，所以不可避免地会有空白、盲点和偏见被无意识地编码到人工智能系统中。因此，我们需要仔细思考技术的能力，并牢记这些数学算法只是基于我们提供的数据工作的而没有理解实际内容。

3.6.2　无法理解上下文

越来越多的人意识到机器学习算法会将偏见和歧视编码并输出。毕竟，算法只是在数据中寻找模式。数据中包含什么，算法就重复什么。

我们现在拥有可以分析人类身体特征的技术，可以分类和处理关于性别或种族的数据。这些技术对处理伦理道德问题有用，但是对于追逐利益的公司而言可能作用非常有限。只专注于过去并不能将创意扩展到新市场、新客户和新产品。

机器学习算法可能会无意识地针对或忽略特定人群。凯茜·奥尼尔（Cathy O'Neill）在她的畅销书《摧毁数学的武器：大数据如何增加不平等和威胁民主》中，描述了在教育行业（关于教师如何被评估）、金融服务行业（关于某些少数族裔如何被剥夺服务）和零售业（只针对特定人群）中的几个不平等的案例。

许多被使用的数据都是通过传感器、连接设备和社交媒体渠道自动收集的。但是，在没有人为干预的情况下，它们只能盲目地接收数据，从而会导致巨大的偏差。想想Mark Graham和他的同事，他们研究了包含"洪水"或"发洪水"的推文，想看看是否能预测"桑迪"飓风的影响。结果显示大量的推文来自曼哈顿，给人带来了一种错误的印象，即它可能是受害最大的地方。实际上，大多数洪水灾害发生在新泽西州。只是曼哈顿人口众多，有更多的人在推特上分享他们的经历而已。这只是通过数据分析如何扭曲我们对现实评估的一个例子。令我们感到担忧的是，这居然需要在此正式陈述。因此，请记住，社交媒体上的"趋势"并不总是反映事实真相。

另一个众所周知的例子是，谷歌根据最受欢迎的搜索词汇趋势高估了流感的发病率。该理论认为，如果人们感染了流感，他们会在谷歌中搜索"流感"及相关词汇，因此，我们可以根据"流感"和相关词汇在搜索引擎上的输入频率推断出有多少人患有流感。事实证明，这是一种误导性的数据收集方法，因为人们在电视上看到与流感有关的新闻后就会搜索与流感相关的词汇。搜索"流感"及相关词汇反映了流感出现在新闻中的频率，而不是流感实际发生的频率。美国疾病控制和预防中心通过实地调查，而不是通过谷歌搜索算法来估计流感发病率。需要重申的是，数字世界中发生的事情并不总能准确反映现实中发生的事情。如果没有解释和联系与事情相关的背景，这些结果可能会产生误导作用。

即使 AI 如此聪明，仍然缺少常识性的背景知识，因此其所拥有智能的应用范围非常狭窄。不能完全依靠这种应用范围狭窄如刀刃的智能。

毫无疑问，人工智能应用具有巨大的价值。但是，这些程序的应用范围是狭窄的，限制于特定任务，并且局限于特定领域。人工智能可以通过核磁共振扫描来识别癌症，但绝对没有其他价值可以再提供给肿瘤学家，且必须提供大量的数据来解决非常有限的问题。

人类喜欢玩耍和娱乐，两者都是创造性思维的关键。谷歌非常了解这一点。它鼓励员工去玩、去创新、去创造，把至少20%的时间花在业余项目上，甚至还可以在工作时间打个盹。谷歌曼哈顿设施工程部负责人 Nevill-Manning 说，"公司的设计理念非常简单，谷歌的成功依赖于创新和合作"。

尚不清楚公司如何才能使 AI 进行创新性思考，因为 AI 缺乏对上下文的理解。人工智能可以观察被标记为积极模式的数据训练，并通过识别模式，将某些类似活动标记为积极的模式。然而，某样东西是否有趣或令人满意，都来源于人类的细微判断，因此不太可能被编程。乐趣有很多方面。例如，Play-Doh（一种颜色鲜艳的无毒造型黏土）的发明。它由约瑟夫（Joseph）和诺亚·麦克维克（Noah McVicker）于1955年偶然发明出来，但当时他们想要制造的是墙纸清洁工具。然而新创造的这个东西，不管摸它、揉它，还是玩它都感觉很有意思。任何照顾过小孩的人都会直觉地发现，这种多姿多彩的糊状物质会成为有趣的儿童玩具。由此，将其作为玩具的想法应运而生，且很快就被一家玩具制造商采纳了。此后，Play-Doh 的销售额已超过7亿英镑。

综上所述，我们认为 AI 系统无法识别"有趣"的东西或做出需要理解语境的推断。即使 AI 系统通过偶然性排列发明了一些"有趣"的东西，它仍然需要人类来验证这项发明的意义性。

3.6.3　脆弱并且完全依赖数据

神经网络需要大量数据才能在智能识别方面与人类智力进行比较，这是一个限制因素。"在大多数情况下，每个神经网络都需要数千个或数百万个示例来学习。更糟糕的是，每当你想要神经网络识别一种新型物品时，就必须从头开始"。与一个小孩相比，我们发现人类的智力在获取新知识方面更加流畅、灵活和快速。你可以给孩子看几次汽车的图片，而当他在街上看到汽车时，就可以认出汽车；他还可以推断出校车和拖拉机也是车。

除为获取有限的学习而需要大量的数据外，算法解决问题的效果还受到输入数据质量的影响。算法也非常脆弱："因为没有正确的规则，AI可能会陷入混乱。这就是微软发布的脚本化聊天机器人的最终表现如此令人沮丧的原因，如果没有明确告知其应如何回答某个问题，那么它就无从推理"。这意味着如果未将意外情况编程进算法系统，那么AI则无法处理意外情况。如今的商业世界充满了从物理到经济，再到政治的各种未知和突发事件，这种不可预见的情况需要可解释性和灵活性。AI无法做到这一点。

研究人员正在推进研究模拟"神经调节"的方法，能够对整个网络做出即时适应性调整，类似人们在发现新事物或重大事件时吸收信息一样。然而，在达到这一目标之前，人工智能既需要庞大的数据，又过于僵化，无法辨别新引入的信息是否比已经拥有的信息更有意义。

3.6.4　缺乏直觉

在本节中，我们要介绍一个被称为"直觉物理学"的概念。这是对来自民间心理学的直觉理解的扩展，即直觉是根据有限信息和使用"本能感觉"来做出正确推理的能力。我们正在将这种直觉扩展到更复杂的领域，如物理领域。我们认为，人类在现实世界会使用直觉导航，如打网球和过马路之类的事情都无须思考。然而处理这些事情需要拥有超强处理能力的机器人，以至于我们还无法设计。

　　假设你是一位准备接球的业余网球运动员，网球正以每小时 80 至 100 千米的速度飞来（专业网球运动员以每小时 160 千米以上的速度发球），并且是个左旋球。不用思考，你就会移动脚步，把重心移到球的后面。由于对手打的是旋球，因此你无须考虑即可预测球会向左运动而不是直线反弹。不用思考，你就开始将球拍挥到身后，给自己留有转身的空间，然后向上击球，这样就能使球上旋，使它在着地时向前运动。你再次将球朝远离你对手的半场击回，而非有意识地决定这样做，因为目标是将球打到对手无法成功击回的位置。不用思考，你就可以基于不完整的信息来"计算"球的去向，并灵活运用网球规则和积极的赢分策略来调整和优化身体动作。旋转、速度、角度、抗风性、对手在网的另一侧的位置、球反弹时与地面相互作用的摩擦力、自己的体重、自己的速度和灵活性等，所有这些变量都相互影响，通过这些变量可以确定球将去向何处以及如何更好地接球。人类计算这些仅需几秒钟即可完成，且是在无意识的情况下实现的。无论是数学极客还是笨蛋，都能这么轻而易举地完成。

　　球运动的数学描述可能需要用到物理学中的偏微分方程。我们可以轻松接球，但无法利用电脑计算球的轨迹。即便是久负盛名的数学菲尔兹奖章的获得者，也无法在比赛中短短的击球时间里完成以数学方式描述的对球的运动轨迹的计算。然而，无论如何我们还是把球打回去了。人类每天在生活中都能做到这一点，不论是及时过马路以免被车撞，还是施加适量的力来打开电灯开关。我们认为该技能是人类生命体所独有的，是对成功驾驭物理环境的进化结果，我们称之为"直觉物理学"。

　　现在想象一下，为打网球专门建造一个人形机器人，那么编写击球服务代码所需的数学将会是多么复杂？拥有怎样处理能力的 CPU 才能使机器人足够快地执行计算以实现击球？而且，设计一个能够在球场上移动并挥动球拍的机器人已经是巨大挑战了，但机器人在赛场上能灵活地开展一项运动所需的智能则更加令人望而生畏。网球示例是一个假想实验，旨在说明在现实情况下，机器人机械的操作和思维与人类的认知和感知比较起来相差甚远。

也许有一天，我们将设计一种可以使用有限的信息执行计算的 AI 系统，将可视数据转换为数学表示，并操纵物理实体对输入进行实时操作和处理，然后我们可以拥有一个机器人网球运动员。但是，这似乎是一个需要花费数十亿美元的愚蠢想法。

3.6.5　局部最优

算法也可能陷入局部最优。在计算机科学和数学中，在可能解相对较小的邻域内，问题的最佳解被描述为局部最优解，与之相对的被称为全局最优解，指所有可能的解中的最优解。例如，计算机程序可能会找到搜索过程中局部邻域内相比于其他方案都好的解决方案，但很难找到更遥远的区域中存在的更好的解决方案。之所以这样做是因为这需要理解不断变化的背景，或者创造性地思考问题和寻找潜在的解决方案。但人类可以做到，人类可以将看似完全不同的概念联系在一起，并提出"开箱即用"的思想，以新颖的方式解决问题。

3.6.6　黑箱决策

一方面，AI算法通常无法解释。即使是训练人工智能系统的研究人员也常常无法理解算法是如何得出特定结论的。即使得到正确答案，也无法解释为什么是正确的。因此，在医疗诊断环境中或在需要承担法律后果的任何环境中使用AI时，这将会是大问题。即使AI是正确的，人们在做出高风险的决策时也不会相信它的分析结果，除非它可以自我解释。

另一方面，算法"学习"的内容对程序员来说仍然是个谜。例如，神经网络在训练过程中不断通过数据来"学习"并反复响应数据。但是，程序员通常不了解该算法在每个时间步都学到了什么，也不知道每个决定背后的逻辑，更无法为之辩解。

正如纽约大学教授加里·马库斯（Gary Marcus）解释的那样，深度学习系统是一个黑箱，因为它具有数百万个甚至数十亿个参数，开发人员只能根据其在复杂的神经网络中的具体位置进行识别。"任何机器学习技术的运行，即使对于计算机科学家而言，都比手工编码系统从本质上来说更不透明"。这是因为，深度学习算法的推理嵌在成千上万个模拟神经元的行为中，这些神经元排列成数十个甚至数百个错综复杂的层，导致我们无法理解这背后的逻辑。

苹果正在努力使其人工智能系统（Siri）能够"解释"其行为。从推荐某家餐厅的晚餐到更多高风险军事应用（无论是发射导弹还是调动部队），我们都需要知道 AI 系统所提供的建议的背后原因。苹果公司 AI 研究总监 Ruslan Salakhutdinov 认同"可解释性"对于有意义的机器智能应用的未来至关重要，"这将增加人们对 AI 系统的信任"。

在业务环境中应用无法解释的 AI 系统所提供的建议是不明智的。大多数高管需要证据和理由来支持他们的决策。人们很难相信一个没法解释的算法，尤其是其准确性完全取决于数据输入是否正确的时候，这就变得很困难。此外，如果某个商业决策受到股东、监管机构等的质疑，则该公司将需要能够解释相关的决策。在法律质疑面前，"我们的内部人工智能系统让我这样做"并不是一个令人满意的辩护。在我们无法撬开深度学习算法推理的"黑箱"之前，它的输出就像狮身人面像一样令人难以理解，所能提供的法律上的辩护理由仅仅相当于"神秘八号球"（一种占卜玩具）所给出的某种神秘宣言。

我们将在第 6 章中更深入地讨论 AI 出错时的法律问题。

3.6.7　垃圾进，垃圾出

当你预约打车后，优步或 Lyft 如何最大限度地减少等待时间？ Gmail 如何将你的电子邮件分进主要、社交和推广收件箱，以及如何将电子邮件标记为重要邮件？银行如何解析和转换支票上的手写笔迹以通过应用程序存入支票？答案是基于数据模式识别和迭代学习的算法。通过向算法提供大量的结构化和非结构化数据，系统可以通过观察数据的模式来学习。没有大数据就没有 AI 系统，但这也意味着机器中的智能仅与输入数据一样好。

如果输入机器的数据已损坏或不准确，那么机器的输出也将损坏或不准确。隔绝于 Internet 的独立服务器上的人工智能系统将无法对提供给它的数据进行事实检查，将无法咨询权威人士，也无法请朋友验证输入的准确性或可靠性。如果没有人类"训练者"的积极干预，验证和清理并有意识地选择要输入人工智能系统中的数据，这种特性将给超智能的出现造成巨大障碍。因此，人工超智能的成长与人类"训练者"的积极参与紧密相连。这种需要依赖人的关键作用的人工超智能，可以减轻我们对恶意超智能的担忧。

3.7 小结

确实，技术提供了巨大的机会和能力。但是它无法像人类一样看世界。机器虽然很聪明，却缺乏常识，它无法理解上下文，脆弱并且完全依赖数据，缺乏在有限信息下进行准确计算所需的直觉，容易陷入局部最优，无法解释其建议，并且与所输入的数据关系密切。AI 没有创造力、娱乐性、乐趣和好奇心等，而这些是众多发明和创造的源头。从创新的角度来看，许多员工的工作是困难的。这主要是因为领导层试图使其像计算机一样工作。我们需要停止这样做，这不是充分发挥人类才能的方法。

技术为人类发挥潜力提供了机会，使人类专注于工作中涉及创造力、创新和乐趣的更有意义的方面。随着自动化不断取代更多的重复性任务，人类可以更多地专注于需要创造力和情感的任务。医生可能会花费更少的时间来记录和查看图表，而花费更多的时间来了解每个患者的独特需求。理财顾问可能会花费较少的时间来分析客户的财务统计数据，而将花费更多的时间来发现有创意的家庭支出选择方案。营销主管可能有更多时间来创造新颖的广告活动或策略。

在下一章中，我们将讨论人类独有的能力以及人类推理和判断的局限性。

第 4 章
Chapter 4

人类能力的局限

在智能机器时代，原来关于"智慧"的定义已经失去意义。需要对"智慧"重新定义，以促进人类更高层次的思考和情感投入。新的智慧将不再取决于获取知识的多少或获取知识的方式，而是取决于你思考、聆听、联系、协作和学习的质量。

——埃德·赫斯
弗吉尼亚大学达顿商学院教授

容忍失败需要容忍无能。实验不仅需要意愿，还需要严格的纪律。

——加里·皮萨诺
哈佛大学商学院教授

4.1 关于微波炉的灵光一现

微波炉是现代世界最流行的家用电器之一。然而，很少有人知道，微波炉的发明竟然是一个意外，没有人类的想象力，这将是不可能发生的事情。

珀西·斯宾塞（Percy Spencer）是一位自学成才的工程师，在第二次世界大战期间获得了多项专利。1945年的一天，他在雷神公司（Raytheon）的一个实验室里工作时，正在测试雷达内部的产生微波的高功率磁控管。在午休时，Spencer把手伸进口袋里，发现花生酱糖果棒已经融化了，变成了一团黏糊糊的东西。他对磁控管发出的微波产生了好奇："微波是不是可以加热食物呢？"

第二天，他带着玉米粒来验证这个假设，便把玉米粒放在磁控管前面。当玉米粒开始砰砰作响时，他确信微波可以加热食物。由此，微波炉便诞生了。

微波炉的发明是体现人类好奇心和创造力的一个例子。它表明：尽管人类有种种缺点，但却有能力将看似不相干的想法联系起来，并可以意外地找到问题的解决方案，将一个领域的见解应用于生活中的另一个领域。这种"超越常规"的思考方式，机器是无法做到的。

在上一章中，我们阐述了科技将给人类带来巨大机遇。机器能够提供人类无法比拟的精度和准确度。通过将人工智能、机器学习、物联网、机器人和无人机应用于众多行业，可以提高生产的速度和准确度。机器可以处理前所未有的海量信息和数据，可以在危险的环境中工作，成本低廉，全年无休，并且不需要医疗保险，甚至不需要带薪休假。机器没有情感负担、不会疲倦、不会与上级顶嘴、不会与同事争论或要求加薪。机器完全按照指令行事，其身体和处理能力是人类无法比拟的。

这会给人类留下什么样的事情可以做呢？人类具有独一无二的创造力和创新力。正是人类的情感、直觉和智慧驱动着我们在科学领域、工业创新方面和企业的未来发展上取得突破。

为了使人类和科技处于正确的进程中，我们需要了解如何将其融合在一起。根据莫拉维克悖论，我们应该将强大的科技与弱小的人类联系起来，反之亦然。因此，在本章中，我们将讨论人类智慧和决策能力的缺陷是如何影响工作的。通过了解这些缺点，我们能够减轻它们带来的影响，甚至在构建人机共融体时加以利用。

4.2　再谈"思考"

如果不将人工智能与其基准（人类智能）进行比较，我们就不可能回答人工智能在企业中的角色；同样，如果不思考企业运营中所需要的人类智能是什么，我们就无法回答人类智能在企业中的作用。

企业的发展受益于敏锐的逻辑程序、对证据的批判性评价、战略沟通的谨慎表达，以及管理人员和执行人员的复杂判断。但企业管理的失败往往来自不合逻辑的决策、对重要事实的错误执着、团队之间沟通不善以及管理人员和执行人员的优柔寡断。

优秀的公司会找到方法去鼓励和内化人力资源所表达的最佳想法，同时过滤掉不合逻辑、虚假性、煽动性和模棱两可的想法。因此，再谈"思考"是值得的。

丹尼尔·卡尼曼（Daniel Kahneman）的《思考：快和慢》一书提供了一个有用的思考框架。

卡尼曼详细阐述了"脑海中的 2 个系统，系统 1 和系统 2。其表示形式在心理学中得到了广泛的应用，但这本书的大部分内容讨论得更加深入，你可以把它理解为两人心理剧"。

系统 1 是一种轻松、无意识、自动且快速的思考方式，如被动地处理语言或通过感官输入形成印象等。

系统 2 是一种上进、自愿、定向且缓慢的思考方式，如深思熟虑地选择或进行计算思考活动。

卡尼曼总结了系统 1 和系统 2 之间的关系，其思路如下。

　　系统1自动运行，系统2通常处于舒适的低能耗模式，其中仅有一部分功能是运行的。系统1持续为系统2生成建议：印象、直觉、意图和感觉。如果得到系统2的认可，印象和直觉就会变成信念，冲动就会变成自愿行动。大多数情况下，当一切正常时，系统2会采纳系统1的建议，并几乎不会修改。你通常会相信自己的印象并按照自己的意愿行事，大部分情况下会一切顺利。

　　当系统1遇到困难时，它会调用系统2，系统2就当前要解决的问题，提供更详细和更具体的解决办法。当出现问题而系统1没有解决时，系统2就会被动员起来。每当你感到惊讶时，也会感到注意力在有意识地激增。当一个事件被检测到违反了系统1的世界模型时，系统2将被激活，并引导你的注意力，你会盯着看，还会在记忆中寻找一个故事来解释这个令人惊讶的事件。系统2还可以持续监控你的行为，让你在生气的时候保持礼貌，在晚上开车的时候保持警觉。当系统2检测到将要犯错时，就会调动更多的精力。

　　系统1容易受骗并且倾向于相信，系统2负责怀疑和不相信，系统2有时很忙，但通常是很懒的。

　　系统1和系统2之间的分工和合作效率很高，可以最大限度地减少工作量并优化性能。这种安排在大多数情况下都运转良好，因为系统1通常非常擅长它的工作，它对熟悉情况的模型是准确的，它的短期预测也通常是准确的，并且它对挑战的最初反应是迅速的，而且通常是适当的。但是系统1有偏差，在特定情况下很容易造成系统错误。就像我们看到的那样，有时它回答的问题比被问到的问题更简单，而且对逻辑和统计的理解甚少。系统1的另一个局限是无法将其关闭。

　　在接下来的章节中，当我们讨论偏见、启发，以及人类在思考、决策等方面的局限性时，我们实际上是在谈论头脑系统1固有的局限性。

　　我们人类的思维和处理过程会受制于无穷无尽的认知偏差的干扰。简而言之，认知偏差是指推理、评估和记忆中的错误。它们是影响人们决策和判断的系统性思维错误，与人类处理能力的各种缺陷有关。一些偏见可能与记忆有关。记忆偏差可能导致决策失误。例如，人们更容易回忆起与强烈情感有关的事件。这些可能是他们觉得幽默、愉悦、危险、受到威胁或鼓舞的事件。他们还容易记住自己产生的信息或他们参与的而不是观察到的活动。

其他认知偏差可能与注意力问题有关。人类的注意力范围有限。我们很容易被大量数据淹没，无法处理它们。我们不能考虑涉及很多变量和复杂关系的事情。由于注意力是有限的资源，因此人们必须对关注的重点有所选择。

根据《哈佛商业评论》的一项研究，"许多专家认为，人类仍然需要从事那些更高层次的批判、创新的工作，以及需要高情感投入才能满足他人需求的工作。我们许多人面临的挑战是，由于天生的认知和情感倾向，导致我们不擅长这些技能：我们是寻求确认的思考者和寻求自我肯定的防御性推理者。为了使我们的思考、倾听、联系和协作能力达到更高的水平，我们需要克服这些倾向"。

为了利用人类独特的力量，我们需要了解我们的局限性。

4.3　"独创性"之谜

人类的优势之一是我们的思想和行为具有独特性。我们觉得自己是一个积极主动的人，具有独创性、思想和行动的自由、创造力、想象力和新颖的能力。我们通常将这些特性称为独创性，它们构成了区分人类与人工智能的强大直觉基础。但是这种直觉可能是错误的。

从人工智能研究的早期阶段开始，"没有规则的指导，机器就不会做任何事情"的假设已成为区分人与机器的基本观点。

我们知道技术在为企业提高效率和效益方面提供了巨大的机会。然而，我们也可以看到，有些事情是技术不能做到的，至少现在还不能做到。商业和我们生活的最大进步来自人类的创造力和创新力。创造力和情感感知是人类体验的核心，同时也难以实现自动化。到目前为止，从经验上来说，机器根本无法完成那些以思维的独创性、行动的意志、对刺激的反应等为特征的人类活动。

阿瑟·塞缪尔（Arthur Samuel）于1960年发表在《科学》杂志上的一篇颇具影响力的文章《自动化的某些道德和技术的后果——一种反驳》，至今仍能引起我们的共鸣。

我相信，机器不能具有该论文所暗示的独创性，即"机器可以并且确实超越了其设计者的一些局限性，并且这样做可能既高效又危险"。机器不是鬼怪，它没有魔法，没有意志，并且机器不会输出没有被输入的东西，当然，除了偶尔出现的故障。除非得到执行的指令，否则机器将不会、也不能做任何事情。从逻辑上讲，在延伸和阐述人类愿望的实现过程与机器自身意志的发展之间始终存在着一个鸿沟，否则就是相信人的意志极具魔力，或者坚信人的意志根本不存在，那么人的行为如同机器一样。

信念的根源在于机器没有规则就不能做任何事情。基本的信念是人类的行动源于自由意志，而不是机械地被决定——如同最后一块多米诺骨牌倒下仅仅是因为前一个多米诺骨牌的倒下，自由意志是解释人类行为的最终原因。换句话说，机器本身不可能具有独创性这一观点仅仅是对人类拥有自由意志的一种暗示。

塞缪尔反对机器独创性的论点依赖于这样一个假设：即人类独创性否定了一种回归的因果解释。请原谅我们过于苛刻，但这似乎是逻辑谬误，或者说"用未经证实的假设来支撑"，即我们用论点的前提来支持自己。自由意志的前提是在直觉上是强大的，但是它在哲学上还解释不清。它是脱离实际的。

人类在行动中具有独创性的潜力，而机器却没有，这一点得到了缺乏相反经验证据的支持。我们从未见过面包机决定烤面包或文字处理机决定创作一首十四行诗，除非它已被人类指示这样做。当然你明白的，机器缺乏独创性的这一理念，与其说是一个合理的公理，不如说是一种信条。在后续部分，我们将从哲学方面讨论机器的独创性和人类的自由意志。

存在一个问题："塞缪尔的前提"是否总是肯定的，还是偶然存在。如果这是一件偶然的事情，也就是说，由于当今技术的进步，这恰好是真的，那么在将来的某个时候，机器就有可能超越其设计师的局限性。相反，如果一直都是如此，也就是说，无论技术多么先进，机器永远不会在行为上拥有独创性，那么塞缪尔就是在揭示人类固有的先进性以及机器智能固有的局限性。

在这一点上，作者不考虑道德准则、法律框架或经济制度对人类行为限制的情况，即我们不能自由选择自己的行为方式的情况。对与错的观念、自我决定、经济交易等全都取决于人类或多或少地知道自己在做什么，并自由采取行动以使自己获益。

我们只能得到一个令人不太满意的结论，那就是人类在擅长的活动中具有独创性（自由、自发性、自我指导），而机器则没有。这仅仅是因为如果没有这个假设，人类还没有设计出可行的道德、法律或经济框架来管理人类事务。并且我们的技术还没有发展到能够在没有事先编程的情况下自主采取行动的程度。因此，正是出于实用性要求，我们才会假定"人类能做 X，而机器不能"。

换句话说，与塞缪尔的观点不同，我们认为"机器只能做它们被编程的事情"是正确的，但其真实性仅取决于技术的发展水平，并不是永远绝对的陈述。此警告适用于我们在本书中提出的各种主张，即"人类可以做 X，而机器不能"。莫拉维克的悖论不仅仅是物种沙文主义的体现。

接下来，我们来看看人类智能的一些特点。

4.4　捍卫智人

毫无疑问，技术正在取代所有行业的工作岗位。我们已经被警告可能会失业。自动化、机器人技术和人工智能的进步已使这成为现实。数字化正在改变劳动力市场和对人类技能的需求。

虽然用机器取代人的想法对于大多数人来说是可怕的，但它也可能实现企业领导者的设想，即通过大幅降低人工成本来提升利润。但是，事情并非那么简单。正如 Fetch Robotics 的首席执行官兼创始人 Melonee Wise 所说："我们投放到世界上的每个机器人，都必须要有人对其进行维护、维修或保养。"她指出，技术不会淘汰人类劳动力。

虽然这将会提高生产力，但是由于人力资源的减少，资产负债表并不会得到改善。只有在组织妥善地管理人才的情况下，生产力才能实现增长。因此，组织将在员工中寻找具有不同能力和技能的人才。人类与生俱来的创造力、创新、同理心、关怀和想象力是人类在人机共融时代发挥作用所需的技能。

4.4.1 通用智能

据道格拉斯·霍夫施塔特（Douglas Hofstadter）在《哥德尔、埃舍尔、巴赫：集异璧之大成》中所述，"有时候我们头脑的复杂性似乎是压倒性的，以至于人们觉得根本无法理解智力的问题"。也就是说，其中有一些关键要素是人类通用智能的决定性能力，包括下述能力。

- 灵活地应对情况；
- 利用偶然的情况；
- 理解模棱两可或矛盾的信息；
- 认识到情况中不同要素的相对重要性；
- 发现不同情况之间的相似之处，尽管有可能根据差异将它们区分；
- 区分情况，尽管可能有相似之处；
- 通过采用旧概念并以新方式将它们组合在一起形成新概念；
- 提出新颖的想法。

在机器能够获得这些能力之前，人类智能尽管存在明显的缺陷，但仍然是企业不可或缺的部分，我们将在后面的部分进行讨论。

4.4.2 直觉

为了充分发挥自己的潜能，我们需要发挥自己的优势，需要利用自己的直觉。

根据盖瑞·卡斯帕罗夫（Garry Kasparov）所说，直觉是"经验和信心的乘积。这里我指的是数学意义上的乘积，即直觉＝经验 × 信心。直觉是对已经被深深吸收和理解的知识采取反射性行动的能力。抑郁会抑制直觉，主要抑制将经验转化为行动所需的信心"。

直觉的另一种表述来自赫伯特·西蒙（Herbert Simon）。根据西蒙的说法，"直觉无非是一种认知，可以根据情境提供线索。这种线索使专家可以访问存储在记忆中的信息，而该信息提供了答案"。因此，在西蒙看来，直觉是基于模式识别的决策。

与卡斯帕罗夫的表述不同，西蒙对直觉的定义显然允许人工智能系统具有直觉。如前几章所述，机器学习和神经网络将模式识别作为其操作的基础。但是，通用智能已经超越了模式识别范畴，并且目前还没有任何人工智能系统能够实现这种智能。

4.4.3　创造力与创新力

根据业务顾问Linda Naiman的说法，创造力是以新的方式感知世界，发现隐藏的模式，在看似无关的现象之间建立联系并产生解决方案，从而将富有想象力的新想法变成现实的行为。

创造力理论专家对不同类型的创造力进行了划分。

- Mini-c 创造力描述了对个人有意义但不被分享的想法和见解，如设想云的形状或创造一个昵称；
- Little-c 创造力描述了在我们的日常生活中为适应不断变化的环境而采用的能够解决问题的新颖方式，如寻找一条新的运输路线以避免交通拥堵；
- Pro-C 创造力描述了专业人员的原创作品，这些作品虽然有技巧和创意，但并没有引起广泛的好评或重大的影响，如电视广告场景；
- Big-C 创造力描述了具有改变世界潜力的具有变革性的、改变范式的创造，如医疗创新、技术进步和艺术成就。

在《创新者的DNA：掌握颠覆性创新的五项技能》一书中，作者杰夫·代尔、哈尔·格雷格森和克莱顿·克里斯滕森等人采访了成千上万名发明家和企业高管，他们发现创造力不仅仅是一种心理功能，而且是一系列倾向于产生新见解的行为。这些行为包括以下五种。

- 联想：寻找不相关领域之间的联系；
- 怀疑：挑战传统智慧；
- 观察：关注客户、供应商和竞争对手的微妙行为；
- 交流：弥合不同想法和观点的人之间的差距；
- 实验：进行互动体验以引起新的反应。

这些行为可以通过一些著名的发明的例子来说明。

回想一下薯片的发明。这种咸脆的零食是1853年在纽约萨拉托加温泉附近的月亮湖屋里发明的。主厨乔治·克鲁姆（George Crum）受不了一位顾客不断将炸土豆送回厨房：顾客总是抱怨土豆很软，不够松脆。出于愤怒，克鲁姆随后将土豆切成非常薄的薄片，用热油炸过后撒上盐。意外的是，顾客很喜欢。因此，"萨拉托加薯片"迅速成为旅馆和整个新英格兰地区的热门商品。

最终，薯片开始被大量生产并广泛传播。但是在货架上，它们很快就会过期变味。1920年，企业家劳拉（Laura Scudder）通过把两张蜡纸熨烫在一起，发明了密封袋。这使薯片保存新鲜的时间更长，因此薯片的大规模生产开始了。薯片和密封袋这两项发明都是解决问题的创新方法，Crum满足了挑剔的顾客，Scudder则想出了延长薯片保存时间的方法。

亨利·福特给世界带来了汽车。如果他仅根据历史数据开展工作，那么他只能想到一匹跑得更快的马。除了制造速度更快的汽车，埃隆·马斯克（Elon Musk）还在致力于开发一种高速的真空管道客运系统。史蒂夫·乔布斯是第一个真正给电脑提供字体选择的人。虽然打字机的字体是古腾堡（Gutenberg）发明的，但乔布斯理解了它的价值，使其在电脑上得到了应用，并提供了定制化服务。这些创新都无法来自机器。

　　尽管从理论上讲，人工智能系统可能具有原创性思想，但迄今为止尚未发生。创新力和创造力是机器刚刚开始学着模仿的事情。但是请记住，目前它们只能根据拥有的数据进行工作。他们无法"跳出限制"来思考。但人类可以做梦、感知和感受，可以凭直觉来决定走什么路。当然，机器可以挖掘数据、寻找模式和统计相关性。但是，正是人类意识到的那些未被满足的需求推动了创新。

4.4.4　愉悦感与美学

　　本节着眼于人类对感官的享受和对美的欣赏。

　　星巴克这样的公司很久以前就认识到，顾客想要的不仅仅是产品，他们想要的是一种体验。对星巴克来说，这意味着他们不仅要提供好喝的咖啡，也希望提供一个舒适美观的环境来提高消费乐趣。星巴克前董事长霍华德·舒尔茨（Howard Schultz）写道："每家星巴克门店都经过精心设计，以提高顾客看到、触摸、听到、闻到或尝到的所有东西的品质。所有的感官信号都必须达到同样高的标准。艺术品、音乐、香味、咖啡的表面都必须传达与咖啡风味相同的潜意识信号：这里的一切都是一流的"。

　　愉悦感和美学需要体验、感觉和感知。这不是机器可以做的事情。愉悦感是人类和动物的体验，是一系列积极的感觉，无论是身体上还是情感上。美学涉及对自然和艺术之美的欣赏。机器可以复制人类认为具有美感或艺术性的东西，甚至创造一些模仿人类作品的东西。但是我们可以肯定地说：机器无法体验。机器对音乐的声音、卡布奇诺的味道，或获得可靠建议的安全感都没有主观的感受。产品（商品和服务）的消费者是人，虽然机器可能比人的生产效率更高、更精确，但却无法独自创造出具有乐趣和审美情趣的东西。

　　愉悦感和美学是把产品卖给客户的基石。这是我们作为人类进行交流的方式。机器通过数据进行交流，我们通过感官进行交流。不用语言就能做出反应，这是一种艺术。因此，迎合审美情趣是商业中的一项关键技能。艺术品传达了从美学到权力、影响力和财富的一切。这就是品牌的出发点和落脚点。

美学无处不在。酒店大堂、游乐园、会议室、服装标签、汽车内饰和梳妆台等。美学特定于产品类别。计算机是为功能性而设计的，如轻便、触碰响应（如键盘上的按键重量）和易用性。时尚美学是针对用途和功能性的，如排汗面料，也适用于展示，如闪闪发光的颜色。让我们的机器来设计最新潮的发型，想想看效果会如何？

当然，外观和感觉并不能取代功能。一些消费者可能更喜欢男性化的手机，而另一些消费者则可能喜欢可爱的手机。但是，每个人都希望手机能够正常工作。也就是说，到目前为止，只有人类才能设计出具有美学吸引力的产品。

4.4.5　情绪

情绪（或称情感）是一种以感觉为特征的精神状态。情感体验对于人类而言可能是最不可或缺的，因为情绪会过滤世界呈现给我们的方式。就像在相机上放置一个彩色镜头一样，情绪会影响我们对现实的感知。

如果你想最大限度地利用你的人力资源，就需要让员工们在工作中感到开心，或者至少不要沮丧。"许多研究表明，抑郁，或者仅仅是缺乏自信，就会导致决策速度变慢，使决策更加保守且质量低下"。

沮丧的员工不太可能凭直觉做出正确的决定，即不太可能根据自己的经验来采取行动。具有讽刺意味的是，情绪既是我们的优势，也是我们的劣势。

我们是情绪化的。充满信心能够增强我们的直觉，使我们能够根据经验迅速做出正确的决定。这种对情绪影响的敏感性也会导致抑郁，例如，工作中上司刻薄的评论，会削弱我们的直觉，导致我们无法有效利用经验知识。

因为每个人都是独一无二的，情感容易受到不同触发因素的影响，因此，高情商的管理者会了解下属的情况，也会了解如何激励和鼓励他们有效利用直觉。有些人需要肯定和积极的反馈才能感到自信，而另一些人可能在应对挑战时非常自信从容。

这也是对残酷的管理者的教训！残酷的管理者通常通过打击来提高员工的工作士气，但这种工作环境过于常见只会弄巧成拙。恐吓员工会降低他们的工作效率、压制他们做出合理决策的能力。

虽然可能没有"关于情绪是什么"的权威性定义，但是通过经验研究，情绪科学已经得到了很大的发展。尽管"快乐"和"悲伤"相距遥远，虽然我们倾向于用分类标签来描述情感经历，但研究表明，情感类别之间的界限实际上是模糊的，而不是离散的。美国国家科学院对数千名受访者进行调查研究并发现：人类共有27种不同的情感（见表4.1）。

表4.1　27种人类的情感

情感				
钦佩	尴尬	痛苦	有趣	性欲
崇拜	厌倦	着迷	快乐	同情
欣赏	冷静	嫉妒	怀旧	满足
娱乐	困惑	兴奋	浪漫	
焦虑	渴望	恐惧	悲伤	
敬畏	厌恶	痛恨	满意	

尽管情感会影响我们做出最佳的判断，并导致我们做出非理性的选择，但我们还是想花一点时间，欣赏一下它们对生产力的贡献。情感激发创造力和创新力，产生的能量可以促使我们采取行动，并激励我们完成具有挑战性的任务。情感是人类活动的动力。

营销人员善于利用情感的力量。情感能够将人们联系起来，情感能帮助人们销售产品、从竞争对手那里招募员工，情感也能使团队创造出创新的产品。Adobe Experience Manager的战略与安全高级总监Loni Stark说："持久的品牌忠诚度建立在品牌与每个用户之间的情感联系上。品牌需要内容策略，通过数据来激发用户情感并与之建立联系"。

在如今的技术时代，企业成功的关键因素是要具有情感素养。不要忽略情绪，不要压制它们，不要试图对抗人性。我们必须学会利用情绪，与情绪进行合作，根据情绪可能产生的反应为商业决策提供信息，并进行相应的管理。组织领导者需要创造能够培养健康情绪反应的工作环境。领导者和团队成员需要了解如何开拓和预测客户、供应商、其他利益相关者以及其他组织成员的情绪反应。

有对有错，有真有假，但这就是事物给我们带来感觉的方式。只要我们对正确和真实的事物产生积极情绪，对错误和虚假的事物产生消极情绪，大多数人类的问题就可以得到解决，但在现实中，我们的社会远比这要复杂。

高管对其团队所发表的声明可能是正确和真实的，但是如果以一种不恰当的方式表达，就会让人感觉不真实、不正确；会让人觉得高管的声明充满了错误和虚假。事实、道德和情感之间的脱节会导致各种各样的失败。

4.4.6　情商

情商是人类识别自己的情感和他人情感的能力，能够辨别不同情感并适当地加以标记。情感信息可以帮助指导思考和行为，并帮助管理情感以适应各种环境或实现目标。共情通常与情商联系在一起，因为它将个人与他人的经历联系在一起。

为什么这很重要？研究表明，情商较高的人的心理更加健康，工作表现和领导能力更强。事实上，情商可以帮助人们减轻压力，减少错误，变得更有创造力，并提高工作表现。虽然有些人天生就比其他人有更高的情商，但情商是可以训练的。在建立以人为中心的组织时，一个重要的方面是通过发展情商，培养人才以富有成效和富有同情心的方式驾驭情绪。这种管理个人思想和情感的能力对企业成功至关重要。

同样重要的是要理解情感与人类思想是交织在一起的。我们的思想受到情感的影响。思想中充斥着评估和判断，有些是积极的，有些则是消极的。人类的心理状态是复杂而混乱的，它结合了观念、感知、信念、情感、偏见和动机。

最终，这些混乱的心理状态支配着我们的行为方式。消极情绪会吞噬一切，他们会扼杀创造力和创新能力。积极情绪会使人精力充沛，可以使我们想要征服世界，成为最好的我们。

　　在工作环境中，人的情感也与组织文化交织在一起。一个包容、热情，并让人感到有认同感的积极文化将培养积极情绪，并为创造力和创新力增添动力。很多商业交易之所以能够达成，是因为我们彼此信任，并在情感上建立了联系。在"人机共融时代"，企业需要其人力资源领导者、管理者和员工在情感层面建立联系。成功将取决于人才能否在信任的基础上与同事、客户和供应商建立联系，这需要了解彼此的情感需求。随着人工智能在企业中发挥越来越大的作用，以一种有助于管理关系的智能、响应式方式来感知和表达情感的能力对人类而言将越来越重要。至少到目前为止，情商管理提供了人们在尚未被机器取代的工作场所中蓬勃发展的安全空间。行为与情感智力的对应关系见表4.2。

表4.2　行为与情感智力的对应关系

行为	情感智力
关于情感的意识	意识到情绪如何影响自我和他人的想法和行为
在采取行动之前先暂停	避免基于冲动的感觉做出决定
控制你的思想	有意识地做出反应，而不是无意识地做出反应
从批评中受益	决定如何在接受负面反馈时改善自我
展示真实性	坚持自己的原则，而不是试图迎合你的听众
展现同理心	通过站在他人的角度上看问题从而与他人建立联系
赞美他人的美德	通过赞美他人的积极品质来激励他人
提供有用的反馈	将批评定义为建设性意见而不是苛刻
在需要时道歉	表现出一种谦逊的谦卑感
自我排解被轻视	释放不满情绪来避免情绪失控
遵守承诺	遵守大大小小的承诺
帮助他人	意识到他人需要帮助
避免破坏	通过管理自己的情绪来阻止被情绪操纵

　　不是每个人的情商都一样高。有时，情感在我们内心突然浮现，没有明确的解释；有时，我们对感觉做出反应，甚至没有意识到我们的行为是由情感引起的。这就是为什么情感经常与理性相左。情商高的人倾向于表

现出某些行为，这些行为使他们在与他人合作时表现出非凡的天赋，甚至他们能够控制自己的情绪并影响他人的情绪。

4.4.7　关怀

关怀是人性的一个特征。人类倾向于关心他们关注和喜爱的对象。我们关心我们的家庭、我们的工作、我们的事务和我们自己。根据韦氏词典，动词"关怀"（care）被定义为"感到麻烦或焦虑""感兴趣或关心"。名词"关怀"被定义为"精神上的感受""混合着不确定、忧虑和责任感的沮丧状态""痛苦和警惕的关注"，医学实践中通常被描述为"提供医疗服务"（medical care）。

人类是有爱心的生物。当头脑全神贯注于一个主题时，我们就说我们关心这个主题。关怀与哲学上的存在主义概念"存在于世"有关，该词在德语中的字面意思是"在那儿"，由哲学家海德格尔创造。

"存在于世"（Dasein）描述了内部精神与外部世界之间的辩证关系。一方面与"精神是完全脱离其环境而存在的"观念相反，另一方面与"精神是由外在世界所决定的"观念也相反。

"存在于世"是人类个体的存在形式（知道自己的存在）。人与世界上的一切事物不同，因为他使自己的存在成为自己的问题。人的大脑中总是潜在地存在着其他事物。其自身的可能性来自自身，他总是跟跟跄跄地走向未来，同时又受其自身过去的影响。一个有爱心的人关心自己和周围的环境。

如果这一切听起来很神秘，请记住：大脑是一个神秘的东西，我们必须采用一些连自己都觉得奇怪的语言来充分地描述它。

可以说，人类的大脑需要关怀。它对分配给它的任务感到厌烦。以一种混杂着不确定、忧虑和责任感的不安状态来应对挑战。这就是关怀我们工作的真谛。没有这种关怀，我们的世界就会崩溃。

经理的工作是确保员工关心正确的任务。你可以让最聪明、最有才华的人加入你的团队，但如果他们关心错误的事情，那么即使他们不对组织的使命怀有敌意，他们也毫无价值。指导人们协同完成任务需要情商以及理解来助推。

关怀是一种独特的人力资源。就像创造力、情感和审美一样，关怀是人类带给企业的、机器无法复制的东西。

4.4.8 娱乐

由于哺乳动物在发育过程中有很长的幼年期，使其在大脑发育过程中拥有更长的玩耍时间。直到2005年，我们才看到关于玩耍的严谨的科学研究，包括有袋动物、鸟类、爬行动物、鱼类和无脊椎动物。Gordon M. Burghardt曾出版了《动物玩耍的起源：挑战极限》一书。

Burghardt提出了定义玩耍的五个标准：（1）行为不是完全功能性的；（2）玩耍是自发的、自愿的、令人愉悦的或自成一体的（意味着本身具有目的）；（3）玩耍在结构上或时间上与典型行为的表现严重不同；（4）行为是重复的但不千篇一律；（5）当动物在一个放松的场景（例如，进食充分、安全、健康）时，玩耍行为就会发生。

Burghardt提出了资源过剩理论来预测和解释动物玩耍的原因。根据这一理论，"当有足够的代谢能量（无脊椎动物玩耍的重要条件），没有来自环境的压力，需要刺激（无聊），以及行为复杂性和灵活性（如多能型觅食者）的生活方式出现时，玩耍就会发生"。

玩耍在动物中是一种相对神秘的行为，我们关注的是人类玩耍。对人类玩耍的研究倾向于使用五种不同的内涵。我们可以从进步、命运、力量、身份认同和想象力五方面来理解玩耍，具体见表4.3。

表4.3　人类玩耍的类型

类型	特征	玩家
进步	适应性活动，学习行为，获取技能，社交和神经发育	少年
命运	乐观，魔术，机遇和不确定性	赌徒
力量	战略，技巧，政治竞赛，战争霸权游戏	霸王
身份认同	互动，联结，节日和聚会	社交者
想象力	通过重组和夸张的想象而转变	创作人

想一想，全球经济中有多少是由人类玩耍而驱动的，只为娱乐，因为我们有多余的资源，因为我们无聊。

Burghardt 认为，尽管玩耍对于人类自身独特行为的起源来说至关重要，但它只是在发展、进化、生态和生理的过程之间通过一系列特定的相互作用而发展起来的，并不总是有益的或适应的。

领导者应鼓励在工作中娱乐，这是基本的人类行为。它带给我们快乐，使我们放松。当我们玩得开心时，我们将更具创造力和效率。只工作、不娱乐有害于人们的心理健康。

4.4.9　道德良知

《梅里亚姆-韦伯斯特词典》将良知定义为一种个人行为、意图或性格的道德美德或应受谴责的感觉，以及一种把事情做对或做好的义务感。除了少见的精神变态和反社会行为人士，大多数人都有良知。在特定的情况下，我们可能对是非有不同的看法，但一般来说，大多数人都同意，一个人应该努力做正确的事情。

商业道德的确因文化而异，例如，某些文化认同良好的受贿行为，而另一些文化则将贿赂定为犯罪。但是，研究表明，即使在不同文化之间，也存在一些（实际上）普遍的伦理道德标准。无论对方的国籍、宗教信仰或文化背景如何，违背这些标准可能都会让人感到不高兴。

对全球机构和商业道德文献所阐明的企业道德准则进行研究，结果揭示六种（基本）普遍的道德价值观是趋于一致的（见表4.4），分别是信誉、尊重、责任、公平、关怀和公民意识。

除了公司制定的道德准则，许多专业协会还对其成员增设道德义务，并要求成员遵守某些规范。美国心理学会发布了《心理学家伦理原则和行为守则》；美国律师协会发布了《职业行为标准规范》，供各州律师协会采用。其本质是对成员进行监管并使其保持高标准的职业要求。不管你怎么看待律师，他们都被教导要像对待法律问题一样认真对待道德问题。

表4.4　通用行为准则

道德价值观	描述
信誉	值得信任并对他人可靠
尊重	考虑而不干涉他人的利益
责任	对自己的行为负责并承担自己的负担
公平	公正并避免偏袒
关怀	对他人关心和友善
公民意识	接受社区内的成员角色

　　我们可以对伦理进行有趣的讨论，关于进化起源（例如，尼采1887年出版的《道德谱系：争论》）、关于文化相对主义（以及它如何导致荒谬的影响，例如，随着时间的推移无法在道德上取得进步，或从道德上将一种文化习惯描述为次于或优于其他文化习惯），或关于每天头条新闻上的公然不道德的公司行为（我们的律师建议在这里不要特别提及任何具体公司）。一些伦理学家可能会争辩，道德都是相对的，但是我们认为这是一个学术观点，它可以使需要基本道德的全人类所关注的问题变得无关紧要。我们需要认真对待伦理学，即使其中包含了许多不一致的哲学观点和文化内涵。

　　所有的一切表明我们对道德的人性化方面更加感兴趣，也就是当我们受到诱惑做错事情时，或当我们被迫选择做错误的事情时所感到的道德谴责。实际上在那个时候，不是书面的行为准则，而是主观信念限制了我们的行为，不只是消极或回避的一面（对惩罚的恐惧、对内疚的挥之不去的怀疑），还有积极或主动的一面（对做正确的事情的渴望、对正义的热情）。除此之外，人类的道德使我们的决策与由无原则、自我利益最大化的AI系统给出的决策不同。

　　与我们的理性一样，我们的道德有时也会使我们失败。但是道德是人类的特征，而不是缺陷。要创建人机共融体，我们应该抓住我们最理性和最道德的东西，并将其规范化，以使我们的企业拥有智慧和正义。

　　在对人类美德大加赞赏的同时，让我们谈谈人类推理的局限性：人类的偏见和有限的理性。

4.5　当人类过于人性时，我们也要管理

我们常认为自己是理性的生物。实际上，人类容易受到多种偏见的影响，这使我们的思考和行为变得不理性。在决策中识别人类的偏见已经得到了很好的研究。它需要将心理学应用到经济学中去解释、预测和控制人类的行为。2002年，心理学家丹尼尔·卡尼曼（Daniel Kahneman）因其在这一领域的工作获得了诺贝尔经济学奖。这是行为经济学的一个高峰，行为经济学是对人类在环境中的实际行为进行实证研究，与理性人应该如何行为的假设模型形成对比。研究结果已应用于几乎所有的经济环境中，从市场部门到法律和公共政策，以提高人们对人性的理解，并提高我们解释、预测和控制自己行为的能力。

我们需要清楚一点。在科技时代，人类是核心。我们不能把人类排除在外。即使现在，技术主导了世界，成功的关键还是要使人们适应新的工作环境，不是替代而是增强，不是训练人类像计算机一样思考，而是如何用计算机思考。尽管如此，埃德·赫斯（Ed Hess）在《哈佛商业评论》（*Harvard Business Review*）中表示："由于人工智能将是比任何人类对手都强大的竞争者，为了保持人类的地位，我们将陷入一场疯狂的竞争中。这就要求我们把认知和情感技能提高到一个更高的水平"。

我们必须了解人类如何以及为什么会做出非理性的行为，从而提高我们的认知和情感技能。几十年来，心理学家一直在研究与决策相关的认知偏差。理解我们的局限性并围绕其设计系统的做法可以追溯到很久以前，至少早在美国宪法起草时，政策制定者就已经了解人类在认知和情感上的弱点，并围绕这些弱点建立了体系。1788年出版的《联邦制文件》中描述的所谓"人的宪法"就是证明。

受到百老汇热门剧《汉密尔顿》的推广，《联邦制文件》阐明了"美国宪法中许多架构特征的必要性和有效性，其中包括三权分立和其他保障措施，旨在防止政府滥用权力的行为，并尽可能地确保政府的卓越性"。

尽管我们有理性和深思熟虑的能力，但人类也存在着 AI 系统所不具备的局限性。我们的局限性在于我们的理性有限，我们缺乏完全的自我控制，我们不总是追求自己的利益，我们常常无法实现自己的道德理想。在认知上，我们存在可得性偏见、自利性偏见、确认偏见和乐观偏见。在谈判环境中，反应性贬值、承诺升级、短视、禀赋效应、损失规避和预期理论等暴露了我们的局限性，这些都使我们不善于理性地下注。在人际关系中，我们可能会遇到集体行动问题、寻租行为、搭便车倾向、群体思维和固守己见的情况。

几个世纪以来，古典自由主义思想家一直知道这些局限性（事实上，美国宪法就是围绕这些缺陷而设计的）。近几十年来，心理学家、经济学家和法律学者重新拾起这些局限性，对它们进行实证研究，并给出更正式的定义。

尽管有这些定义，但偏见可能并不都是坏事。一些偏见被认为是适应进化环境的，因此在某些情况下可能会导致成功。它们是大脑在处理能力有限的复杂环境中尝试简化信息处理的方式。在这些偏见中，有一些是经验法则（或称为启发法），可以帮助人们了解世界并以相对较快的速度做出决策。

为了在极其复杂的世界中生存，偏见可以提供至关重要的思考捷径。有时，它会导致我们做出错误的决定，但通常来说，它也能让我们在速度比准确性更重要的情况下迅速做出决定。当信息有限，但为了生存必须采取某种行动时，启发法可以让我们做出有效的选择。

偏见无法被消除，它是人类的一部分。即使一个人完全了解自己的偏见，但在独立做出决定时，他仍然受制于偏见。例如，大多数人认为自己比普通司机的开车技术更好。所幸，这些偏见可以减轻，以避免由它造成的最坏后果；也可以利用它们来发挥人类独特的优势。这对工作环境意味着什么？这意味着偏见可以被管理，也需要被管理。

我们如何管理偏见？

首先，让员工参与体验式学习，而不是让他们只是观察或被告知要做什么。从领导力到才能方面全面激励人员意味着充分利用人类的特质。

其次，营造一种文化归属感，以激发与工作相关的强烈而愉悦的情绪。从谷歌到Zappos，再到American Airlines，这些优秀的科技公司已成功地运用了团队合作和文化归属感。

再次，利用人员进行集中决策，同时将大量重复性任务留给技术。人类注意力的持续时间有限，很容易被大量信息淹没。但是，当专注于小范围的决策时，我们在创造力和创新方面表现出色。利用技术将需要大数据计算的决策自动化，同时将需要价值判断的决策留给人类。高管和经理不必成为定量分析师就能做出重要的决策。

最后，防止决策能力萎缩。我们生活在一个混乱的世界中，这种混乱正在变得越来越普遍。技术的好坏仅取决于它所基于的数据，而混乱会改变数据。适应性强的人类可以超越系统，并能够对需要快速反应而非精确反应的新事物做出解释。

这些策略将激发人类最好的一面，同时适应我们固有的弱点。

4.6　管理人的偏见

卡斯帕罗夫对人的智力有不同的看法："尽管人类的头脑有巨大的能力，但它很容易被愚弄。我坚信人类直觉的力量，以及如何依靠直觉来培养直觉的力量，但我不能否认这一信念已经被卡尼曼的《思考，快与慢》和艾瑞里的《可预测的非理性》等书籍所动摇。读完他们的著作后，你可能会想知道我们到底如何生存"。

事实上，有数十种已知和有据可查的人类认知偏见正困扰着我们的推理能力、基于证据做出决策的能力、对未来做出准确预测的能力，以及对事实进行评估的能力。

我们想将这里所讨论的偏见与种族、性别、宗教或其他形式的偏见相区分。这里所讨论的偏见是普遍的，即困扰着不同种族、性别等的人类。

本节并不试图全面介绍认知偏见，而是描述了其中一些在组织环境中特别容易引发问题的偏见，因为它们涉及人们在交易环境中如何与他人互动。幸运的是，大多数偏见都可以通过战略性地利用AI系统作为决策支持来纠正。

4.6.1　锚定效应

进行数值预测时（例如，广口瓶中装有多少个大理石？完成此任务需要几个小时？顾客愿意为这辆车付多少钱？），人们倾向于使用参考点或"锚点"作为起点，即使这样做是非理性的。由于锚定效应，人们的猜测很容易受到不合理的暗示的影响。主要表现为这样一种情况，即人们会因为接触到一个锚点而对一个数值做出错误的选择，即使这个锚点与他们所做的选择完全无关。卡尼曼（Kahneman）认为，人们在估计未知数量之前通常会考虑未知数量的特定值，此时会发生锚定效应。

研究表明，在人类决策中实际上存在两种不同机制的锚定效应，它们分别与上述两种不同的思维系统相对应。系统 1 受到由"启动效应"产生的锚定效应所困扰，而系统 2 被"深思熟虑的调整过程"中发生的锚定效应所阻碍。

系统 1 锚定的是努力"构建一个以真实数字为锚点的世界"的结果。在系统 1 的思考中，"锚定效应是暗示的一种情况"，"暗示是一种启动效应，它有选择地唤起相符合的证据"。"系统 1 设法通过个人认知来理解当前事物"，这需要"选择性地激活兼容的思想"，这又"产生了一系列系统性错误，使我们容易受骗，容易过于强烈地相信我们所相信的东西。"

系统 2 锚定的是一种启发式方法，试图在数量不确定时进行估计。即我们有意识地采取行动，也可能成为锚定效应的受害者。我们倾向于"从一个固定数字开始，评估该数字过高还是过低，然后通过心理上的'移动'来逐步调整我们的估计。这种调整通常会提前结束，因为人们在不再确定是否应该进一步调整时就会停止"。

我们可以通过一些示例来说明锚定效应在企业中的效果。在谈判环境中，无论哪一方率先提出报价，都会在另一方心目中推测一系列合理的可能性。还价自然是基于其对第一个报价的反应。零售商通常使用锚定效应来激励购买。价格显示为与锚点的比较。例如，产品标签为"原价 49.99 美元，现价29.99美元"。锚点提供了参考点，使新交易看起来比实际更有价值。

技术可以协助谈判，通过数据分析，为人类谈判者提供最佳锚点，并提供应考虑的范围和条件，以避免受到锚点的不当影响，从而使它们在谈判中发挥最大效力。管理层应制定适当的规章制度，以减轻在需要人类进行数值预测的情况下锚定效应的影响。

4.6.2　从众效应

从众效应是一种认知偏见，表现为人们倾向于接受他人的信念、态度、行为和风格，即使这与我们自己的信念或现有证据相冲突。

从时尚到音乐，再到政治，这样的例子随处可见。这是一种集体思维的形式，在这种思维下，人们面临着顺从他人的压力，并渴望自己是正确的。从众效应揭示了个体需要被群体接纳的人性需求。归属感是人类的基本需求。

这显然有负面影响。例如，由于成员希望与他人的想法和态度保持一致，工作会议可能会失去原本功能。不用说，流行的东西并非总是理性的。了解从众效应和集体思维可以帮助公司减轻它们的负面影响，并利用它们的积极作用。

从众效应可以通过鼓励人们表达不同的观点来促进产生多样化的想法。这听起来很矛盾，但确实可行。具有开放环境并真正鼓励成员自由表达新颖观点的组织会使从众效应开始发挥作用，其他组织也会效仿。在这种情况下，从众效应实际上能够鼓励新颖创意的产生。

从众效应强调了人类融入群体并成为群体一员的重要性。明智的做法是，企业通过创造一种包容性文化来利用这种偏见，从而鼓励将个人表达作为群体认同的一部分。

4.6.3　归因偏差

归因偏差是一种认知偏差，在我们试图解释他人行为时会出现。归因偏差是评估行为动机和行为解释时的系统性错误。"当我们倾向于高估个人因素的作用而忽略环境的影响时，我们就犯了一个错误，社会心理学家将其称为基本归因偏差"。例如，当有人为了给约会对象留下好印象而留下一大笔小费时，我们会错误地认为他们留下一大笔小费是因为他们很有钱，这就犯了基本归因偏差。在解释行为时，行为的背景至少与行为者的身份同样重要。

在评估他人的行为与我们自己的行为时，我们往往不客观。我们可能会有一种扭曲的观念，当别人失败时我们会责备他人，而当我们失败时却会为自己的行为辩解。在判断他人的负面行为时，我们倾向于认为这些行为是个人因素的结果。这可能涉及假设他人是坏人，或者他人有懒惰的人格特质。但是，在判断我们自身表现的负面行为时，我们倾向于将问题归因于外部环境，而不是我们自己的行为。我们之所以迟到是因为高速公路堵车了，而不是因为我们睡过头了。有趣的是，积极成果的归因恰恰相反。他人的成功表现往往归因于外部因素（例如，"我的竞争对手之所以能成功，是因为他的运气更好"），而我们自己的成功表现则归因于个人能力（例如，"我之所以成功，是因为我拥有更高的技能"）。

像其他偏见一样，归因偏差是人类的一部分。我们需要控制它，这在企业绩效评估方面尤为重要。

考虑到归因偏差的普遍性，在工作场所进行绩效评估时，我们应谨慎使用客观的绩效指标和决策支持软件。技术可以提供必要的客观性，以产生一致的测量结果，并给予应得的信任。技术可以消除评价的主观性。

4.6.4　确认偏差

确认偏差是一种倾向，即只寻找与已经确认的信息相匹配的信息。希望正确而讨厌错误是人类的一种倾向。我们特别重视我们想要得到的结论和我们已经拥有的信念。矛盾的信息需要更多的精力来处理，因此我们会尽量避免使用它。对于情绪敏感的问题和根深蒂固的信念，这种效应会更强。人们还倾向于将模棱两可的证据解释为支持其现有立场的证据。

卡尼曼将确认偏差解释为系统2思维的不适应。"刻意寻找证实证据的方法，也就是所谓的积极测试策略，也是系统2测试假设的方式。哲学家试图通过反驳假设来检验假设，与之相反，人们（科学家也经常）寻求的数据可能与他们目前持有的信念相符。系统1的确认偏差倾向于不加批判地接受建议，并夸大极端事件和不太可能发生事件的可能性"。

任何时候，只要最初的信息产生了最初的观点，就会出现确认偏差。我们在招聘员工、选择供应商、寻求项目或财务投资中都能发现确认偏差。例如，投资者会寻找能够证实他们已有观点的信息，并过滤或忽略相反的信息。

确认偏差与另一种偏差有关，即过度自信。我们可以从股票市场的行为中看到这一点。在股票交易中，无论发生什么情况，看涨者趋向于保持看涨，而看跌者趋向于保持看跌。这是由于确认偏差所致，即仅寻找支持性证据，然后对该证据过于自信。

我们如何消除这种偏差？寻求具有不同观点的人员和数据可以帮助克服确认偏差，并帮助制定更明智的决策。

创造一种文化，将意见的多样性作为准则，并肯定基于充足证据的意见，将有助于消除这种偏见。

4.6.5　框架效应

框架效应是一种认知偏差，人们根据事件的呈现方式对事物（事件、产品，甚至人）做出不同的反应。卡尼曼将这种框架效应解释为："相同信息的不同表达方式常常会引起不同的情绪"。有时导致"偏好的巨大变化，是由表达问题的措辞不当而引起的"。

我们看待事物的方式就是它们被描绘或"框定"的方式。这在政治或广告中司空见惯，通过操纵视觉和文字来突出正面效果，淡化负面影响。

请看以下比较："该药已在80%的病例中证明有效"与"该药在每5例中有1例失败"。句子表达的事情完全一样，它们基于相同的事实。但是，它们的描述不同，可能会引起完全不同的情绪反应——第一种是对药物功效的肯定，第二种则缺乏信心。框架效应是强大的。

框架效应可能会给民意调查者带来重大问题。根据问题的框架，即使民意测验人员试图获取有关同一潜在问题的信息，受访者也会产生截然不同的回答。

如果向人们提供大量可信的信息，这种影响可能会减少甚至消除。一种策略是训练人类"在框架之外思考"。这是一个非常简单的策略。一旦我们意识到框架，我们就可以同时呈现消极和积极的框架，并客观地考虑潜在的问题。

对机器进行编程并以与框架无关的方式向决策者提供信息是非常重要的。否则，技术驱动型组织也可能成为框架效应的受害者，即便决策者认为他们依赖事实和统计的数据。

总之，人类的决策受到许多偏见的困扰。其中对企业来说特别麻烦的是锚定、从众效应、归因偏差、确认偏差和框架效应。企业领导者应致力于通过决策支持技术来弥补这些偏见。

4.7 在技术时代培养人类美德

随着机器越来越多地接管传统上需要人类来完成的任务，数字世界的工作性质正在发生显著的变化。组织应该在所有组织级别上不断审查哪些任务可以实现自动化，以及哪些工作应该由人工完成。如何利用人才，以及如何将人力资源与技术整合是一项持续的管理任务。

尽管诸如理性分析和决策等认知技能曾经被认为是人类不可侵犯的、不可替代的主权领域，但人工智能在许多方面都超越了人类的理性。

那么，人类还剩下什么呢？人类可以为拥有 AI 系统的企业带来什么价值？未来需要哪些技能？请记住，机器和人类的能力是相辅相成的。企业只需要找到在新的工作环境中整合两者的策略，即人机共融体。人机共融体需要的三种人类素质是文化素质、能力和性格特征，见表4.5。

表4.5　人机共融体需要的三种人类素质

人类素质	范围	描述
文化素质	通才和专才	科技、科学、金融、文化、文明和社会
能力	技术与人类的联系	系统思维、协作、批判性思维、解决问题的能力、创造力、创新
性格特征	人类特有的能力	情商、好奇心、毅力、同情心、主动性、领导力、适应能力和诚信

让我们看一看人类在科技时代所需要的三种素质。第一种是文化素质。在过去，人类看重的是深刻和狭义的文化，而现在，人类需要更广义的文化。人类不仅需要技术能力，还需要将其与文化、社会和企业需求联系起来的能力。人类需要了解一个领域中的数据如何与整个组织相关联。例如，采购经理需要了解供应商数据不仅包括采购指标，还需要了解财务绩效和公司战略。除他们自己的专业领域之外，人们还需要精通战略和财务知识。大数据驱动的AI系统将以最狭隘的方式变得智能。在获得和应用通用知识方面，人类将比机器拥有更好的表现。跨领域的广泛读写能力将在未来一段时间内成为人类的独特价值。

第二种是将技术与人类联系起来的能力。我们需要能够使用系统思维将数据与文化、情感、创造力、创新等相连接。这需要通过使用情商来与同事、经理、客户、供应商和董事会成员等利益相关者建立联系和信任。没有这种能力，组织的技术水平将无法转化为行动。

第三种是人类特有的能力，即性格特征。这包括可以使人类与他人交往的情商。例如，一名肿瘤学家使用IBM Watson的数据来制定患者的治疗计划。虽然有统计数据，但是医师需要有很高的情商才能以患者可理解、减轻患者恐惧并为之提供支持和安慰的方式来陈述事实。这会使患者感到很贴心。而IBM Watson却无法在对待病人的态度上获得好评。

这些性格特征还包括好奇心和同理心，这可以激发创意和创新。我们需要"积极主动"的个人，以及能够激励团队的领导者。其他特征还包括适应能力，即人很容易适应新的环境和条件，这在日益复杂的世界中将是不可避免的。未来企业必不可少的另一个性格特征是诚信。机器尚无法提出解决道德困境的建议，或指导用户在道德层面合理使用情报。我们仍然需要人类将道德价值观付诸实践。

企业目前专注于如何进行数字化转型，集中于技术和效率。我们认为，未来的技术企业必须保持以人为本才能获得成功。对于我们所有的偏见和缺点，我们需要关注，而且有时候这才是最重要的。

4.8　改变智能的定义

艾德·赫斯（Ed Hess）表示："在智能机器时代，以记忆量和计算速度来定义聪明程度的传统方法已经过时"。如果我们用处理、存储和回忆信息的能力来衡量智慧，那么人类实际上是愚蠢的（相对于计算机）。

我们需要的是关于智能的新定义，它可以促进更高层次的人类思维和情感投入。智能并不是由你知道什么或怎么知道来决定的，而是取决于你的思维，以及聆听、关联、协作和学习的质量。数量被质量代替，这种转变将使我们能够专注于将我们的认知和情感技能提升到更高水平。

将"智能"的定义从信息处理转向情商是明智的。同时，我们对此应该持开放态度。生活在孤独症边缘的人可能缺乏与情商相关的人际交往能力，但在信息处理和记忆方面却可能比普通人要强得多。

的确，机器学习的创始人之一，英国数学家，计算机科学家和逻辑学家艾伦·图灵（Alan Turing）认为，在他的一生中都没被诊断为孤独症，但他的数学天赋和低下的社交能力符合孤独症谱系障碍（ASD）的特征。

根据美国疾病控制与预防中心的数据，全球约有1%的人患有ASD。绝大多数ASD患者失业或没有完全就业，这可能是由于我们的偏见暗示了ASD患者无法在工作环境中做出贡献。在一定程度上，这也体现了社会在这方面的失败。在被诊断出患有孤独症的人中几乎有一半是智力水平处于平均水平或高于平均水平。患有孤独症的人往往非常善于分析、注重细节、诚实并且尊重规则；未能将其纳入劳动力队伍"不仅仅是个人悲剧，也是对人才的极大浪费"。

4.9　婴儿潮和"机器外包"

虽然我们可能不完全理性，但这还不能完全解释为什么AI系统在工作场合中占据了上风，接替了以前由人类担任的工作。如果我们说人工智能正在接管经济是因为人类还不够理性，那就过于简单了，当前经济替代趋势的驱动因素不仅仅是我们作为理性思想家的局限性。

在本节中，我们将讨论一些正在破坏经济的人口和经济趋势，在此背景下，人们越发意识到在这个工作职能越来越受智力驱动的时代"人类智力的局限性"。

大众媒体充满了关于技术与人类之战的警告。我们听到无数的研究警告：由于自动化技术的进步，所有行业的从业者都可能遭受失业。在寻求改善生产流程的过程中，人工智能、机器人技术和数字化正在改变我们所知道的劳动力。这些技术正在取代技能并改变劳动力市场。数字化和自动化已经从根本上改变了我们的工作方式。

从工业革命开始，机器动力持续代替体力劳动，并且这种趋势可能还在增加。在美国，从1900年至1940年，农业部门约有40%的劳动力被取代。从1970年至1990年，制造业部门约有13%的劳动力流离失所。

据世界经济论坛所述，我们正在目睹"劳动力转型的两个平行且相互联系的变革的融合：（1）随着这些角色的任务变得自动化或冗余，某些角色正在大规模减少；（2）新技术的应用以及社会经济的发展，如新兴经济体中产阶级的崛起和人口结构的变化，带来了新产品和服务的大规模增长，以及相关的新任务和新工作"。

这些趋势并不完全是由机器人技术造成的。在第一次世界大战和第二次世界大战期间，由于经济大萧条、沙尘暴，以及军事征兵和士兵部署，农业部门工作人员在1900年至1940年之间几乎全部失业。1970年至1990年之间，由于监管套利导致制造业从业人员失去了工作。美国国会通过

1970年《联邦职业安全与健康法》（OSHA）并将其签署为法律的那一刻，制造业开始逃离美国，寻求其他国家的自由宽松的经济环境，以避免遵守这些新的、严格的工人安全标准。

关于体力劳动的替代，虽然存在各种经济、历史，以及与机器人不相关的因素，但美国经济并没有因体力劳动的替代而受到不可弥补的损害。农业和制造业的工作被以服务为导向和基于信息的工作所取代。从一个经济部门转移并不意味着永远失去工作，这通常意味着他们转向了另一个（如果不是新的）经济部门。

贝恩公司（Bain & Co.）的一份题为"2030年劳动：人口、自动化和不平等的碰撞"的报告预测：由于自动化，美国总劳动力的20%至25%将会被取代。然而，由于婴儿潮一代的退休导致的劳动力减少，不亚于投资自动化技术造成的影响。促成（经合组织国家）GDP强劲增长的三个因素（妇女进入劳动力市场，中国和印度市场的开放，以及婴儿潮一代）现在已经基本成熟，它们对宏观状况的积极推动作用正在消退。

如果在实现自动化的同时，数以百万计的劳动力正在退休，那么自动化将如何消化数百万个工作岗位？如果没有自动化，这些工作就会消失，因为人们在一定年龄时就不再工作了。炒作般的大量宣传，将人工智能定义为臭名昭著、卑鄙、不知名的"他者"，只不过是试图将此作为经济困境的替罪羊罢了。

更有可能的预测是，自动化将确保以前由婴儿潮一代完成的工作将由机器人来完成，从而确保即使在劳动力减少的情况下也能保持一致的劳动生产率水平。如果劳动力老龄化减少了供应量，但是同时出现的自动化趋势增加了供应量，那么这两个趋势很可能会相互抵消。如果是真的，贝恩公司预测的真正动荡根本不是来自人工智能、机器人或自动化，而是来自收入不平等加剧的令人不安的趋势，这种趋势可能会抑制潜在的需求增长。

换句话说，问题不在于机器人，而在于贫穷。穷人很难学习如何管理未来工作所需的技术平台。我们毫不怀疑，在未来几十年，全球经济将与以往不同。我们只是想指出，自工业革命以来就是这种情况。这句话本可以在过去五十年里如实陈述："自动化和人工智能意味着对体力劳动的需求减少，而对高科技和社会技能的需求将大幅增加"。麻省理工学院技术评论的封面声称"人工智能和机器人技术正在造成经济灾难"，这在某种程度上具有误导性。

贫穷正在造成经济浩劫。如果通货膨胀得到控制，那么财富的集中和工资的停滞正是造成经济浩劫的原因。当学生（甚至是拥有STEM学位的学生）背负着巨额的债务，并且永远无法达到父母所能达到的生活水平时，这种绝望感开始蔓延。这就是造成经济浩劫的原因，而不是机器人。

如果我们想减少在未来几十年中所预测的经济破坏，我们需要确保在涓流经济中，那些许诺的、从未兑现的财富能够真正流入社会。研究表明，随着更多的AI和机器人技术在整个经济中得到了更广泛的应用，不仅可以刺激生产力的提高，同时（我们在这里非常小心）还可以通过一些公平的方式来分配财富，以减轻工资和收入不平等导致的经济停滞，确保人们的基本需求能够得到满足。也许是在机器人给企业带来资源节省的同时，通过向机器人征税来完成二次分配；也许是通过全民基本收入政策。我们将这个问题留给政客们。

尽管在20世纪早期，马是一种重要的经济力量，但"在50年内，汽车和拖拉机迅速取代了马的作用。一些未来主义者从马的命运中看到了一个警示人类的道理：马在经济上不可或缺，直到它不再不可或缺"。

人工智能并没有接替我们的工作。现实比这更复杂，并且没有像经常报道的那么糟糕。即使改变是一件好事，但人类也害怕改变。

4.10　小结

根据阿里巴巴创始人马云的说法，在未来30年内，《时代》杂志年度最佳首席执行官的封面很可能是机器人。它的记忆力比你强，计算速度比你快，并且它不会跟竞争对手生气"。我们不同意这种观点。我们认为领导层不会很快重蹈ATM机的覆辙。同时，人类仍将在企业中扮演着独特的角色。

虽然我们是贪婪的，但是我们也是一个有韧性、适应性强和聪明的物种。只要我们具有确保使"正确"的想法成为最高点的管理框架，即我们中只有一个人是正确的，我们就可以采用和维护管理框架来发挥这种过滤功能，从而将人类的最佳思想带到最高处。雷·达里奥（Ray Dalio）的著作《原理》中进行了这一尝试。我们有数十亿人口这一事实对我们的持续生存是个好兆头。

人类会带来什么？直觉、普通的智力、审美、情商和爱心。人机共融体将利用人力资源的这些独特功能，并通过决策支持来抵消人类偏见。

在本章中，我们的讨论点之一是人类的心理素质使我们在可预见的未来中必不可少。独创性、创造性、革新性、责任心和关怀——这些特征可能永远无法被编程。我们鼓励读者不要把人和机器看作是对有限工作的竞争者。这不是转变的结果。我们是合作伙伴，各自都有不同和互补的优势。我们将在下一章中对此进行更深入的讨论。

第 5 章
Chapter 5

人与技术的融合

> 人们总在问，在自动化时代，工作会发生什么变化？我认为就业机会将会更多，而不是变少……你的未来是"使用电脑的你"，而不是你被一台电脑取代。
>
> ——埃里克·施密特
> Alphabet 董事长、谷歌前首席执行官

> 推动所有人都能取得积极成果和美好的工作未来，需要政府的大胆领导和企业的企业家精神，以及向员工终身学习的敏捷思维。
> ——《未来就业报告》（世界经济论坛）

> 我最担心的是，除非我们为了自我实现而调整算法，否则人们听从算法的建议就太方便了（或者说，要超越这样的建议太难了），会把这些算法变成自我实现的预言，让用户变成只消费"易消费商品"的"僵尸"。
> ——巴特·克尼恩伯格
> 克莱姆森大学以人为中心的计算机助理教授

5.1 要么使用它，要么放弃它

当公司将某些技术、技能"外包"给机器时，他们面临着完全失去这些技能的风险。公司内可能没有人知道如何在停电的情况下手动完成通常由自动化完成的关键任务。下面是关于一家大型智慧医院的内容。

智慧医院的首席护士（CNE）举了一个例子，随着年轻护士越来越依赖静脉输液（IV）泵校准技术，他们的技能已经退化。在医院环境中，正确掌握编程静脉输液泵的能力对于通过静脉滴注向患者提供正确的药物输注是至关重要的。十多年前，人们推出了自动校准药物和剂量的智能静脉输液泵。在此技术之前，所有静脉输液泵的编程都需要用户手动计算输液速率，然后将所需的输液速率输入泵中。这种手动技术很复杂，因为在静脉给药中使用了许多不同的测量单位，所需的计算通常很复杂，因此需要熟练的从业者，否则很可能会出现使用错误。与之相比，智能静脉输液泵允许用户从批准的列表中选择所需的药物，并输入所需的患者信息，之后智能静脉输液泵会自动计算输液速率。

CNE解释说，医院管理层主要的担忧是安全漏洞和停电事件，因为智能静脉输液泵需要持续供电。只有年长的护士才有技能和经验来校准静脉滴注的剂量。由于智慧医院已经依赖于这项技术，年轻的护士从未接受过培训，该技能正在丧失。由于护理人员没有掌握使用校准静脉输液泵来控制药物剂量的技能，也没有接受过这方面的培训，这项重要技能正在逐渐萎缩。这使医院系统变得脆弱，当遇到像停电这样的系统中断时，很少有护士知道那些需要静脉注射药物的患者该怎么办。

随着企业将更多的技能"外包"给机器来做，领导者必须注意由此造成的人类拥有的经验知识和操作能力之间的差距。这些差距会产生技能萎缩的风险，是过多的技能"外包"给机器以及人与机器资源整合不足所带来的副作用。

5.2　食谱、配方、炼金术咒语，随便你怎么叫

本章探讨人工智能是如何在工作中影响人类的，目的是了解人的独特技能与技术是如何结合在一起，并获得非凡结果的。

关于将人与机器"整合"或"结合"，我们的意思是比喻意义上的，就像团队成员之间的合作，而不像在烘焙过程中混合糖和面粉。我们认为这一区别很重要。因为在第二章中回顾的一些通往超智能的路径清楚地设想了人类和机器在某种字面上的"结合"，就像生物化，但这并不是我们所主张的。我们避开科幻小说中病态的生物-机械混合生物——带有颅骨植入物或数字全脑模拟的半机械人。相反，我们正试图创建一个超智能大企业，即一个强大、智慧、人性化的人机思维网络。

回想一下第一章，卡斯帕罗夫定律从利用"流程设计"战胜天才和原始计算能力的角度解释了高级国际象棋实验的结果。业余棋手如何才能击败大师？只有按照正确的程序将普通人和机器的技能恰当地结合在一起，才能取得非凡的结果。我们正在寻求使这项定律适用于企业层面的方法。

回想一下莫拉维克悖论，它认为，机器擅长什么，人类就不擅长什么，反之亦然。卡斯帕罗夫定律认为，"普通的人＋机器＋较好的流程"优于性能强大的计算机，且显著优于"厉害的人＋机器＋较差的流程"。此外，博斯特罗姆认为"集体"或超智能组织网络的定义是，"超智能可以通过网络和组织的逐步加强，将人类个体的思想彼此联系起来，并与各种人工制品和机器人联系在一起。"

从最高层抽象来看，我们正在运用卡斯帕罗夫定律来解决莫拉维克悖论，以满足博斯特罗姆关于集体智力的条件，从而创造出一个人机共融体（见图5.1）。

人机共融体是一种由人类和机器组成的组织，彼此紧密地联系在一起，以减轻彼此的独特限制，增强对方的独特优势，从而实现集体超智能。

莫拉维克悖论

机器能力与人的能力成反比。

计算机在哪些方面出类拔萃，人类就在哪些方面薄弱，反之亦然。

卡斯帕罗夫定律

将普通人和计算资源与正确的过程相结合可以产生非凡的结果。

能正确使用计算机的普通人胜过不能正确使用超级计算机的人类天才。

博斯特罗姆的集体超智能

它是从网络和阻止的加强中产生的，这些网络和组织将个人的思想彼此联系起来，并与各种机器人联系在一起。

大量较小的智慧联网在一起可以创造出一个超越现有认知系统的系统。

人性化的机器

利用数据和人工智能来推动人类独特技能的展示。

在一个超智能的组织中，将机器和人类的优点结合起来，以克服两者的限制。

图5.1 本文的概念图

为此，我们探讨了整合人和机器这两种互补但反向关联的组织资源所涉及的一些挑战。正如世界经济论坛发布的《未来就业报告》所指出的那样，"第四次工业革命中所出现的新就业格局正迅速成为全球数百万工人和公司的现实生活。"

企业将需要利用管理协议，以便在现有的人力资源和技术资源之间最佳地分配企业职能，使每个人都能为企业的使命贡献其独有的和互补的技能。我们认为，这种人力资源和技术资源的协同过程最终可以促成组织网络超智能的产生。

如果采用正确的组织结构，人类和机器技能的结合将不仅是简单叠加，而且会产生协同增效作用，因为企业最终（这是比喻还是字面意思，我们留给哲学家去思考）会拥有自己的思想，而这种思想要大于各部分的总和。这种思想既要不懈地追求企业的使命，又要有智慧人道和认真负责的方法。创造人机共融体的探索已经开始。

本章将调查 AI 的崛起所驱动的人力资源趋势，以期创造组织网络智能。

5.3　就业机会将会变化，但不会消失

我们需要直面的现实是，我们中的一些人会因为一台机器取代了我们的功能而丢掉工作。例如，在医学界，放射科医生很容易被先进的放射学技术所取代。然而，我们必须站在这第一代失业之上，深思自动化对工作的更大影响。虽然有一代放射科医生可能会失业，但未来医学院的学生可能会选择医学领域的另一条职业道路，并将把他们的才华运用到放射学以外的领域。人才涌入其他医学领域，将为包括患者在内的所有医疗健康利益相关者带来额外效益，因为人才将在行业内得到更有效的配置，至少在理论上会带来更好的医疗质量和更多的创新。政策制定者可以通过降低与新技能培训相关的交易成本来帮助缓解转型痛苦。

准确预测第四次工业革命中将出现多少工作岗位仍是一项挑战，认知技术解决方案公司（Cognizant Technology Solutions）的未来工作研究中心试图在其报告《未来的 21 种工作岗位》中描述某些类型的工作岗位。

基于以下几个原则，Cogizant 公司对人类未来的工作提出了乐观的看法：

（1）工作不是一成不变的；

（2）当前的许多工作都很糟糕；

（3）机器需要人类；

（4）不要低估人类的想象力或独创性；

（5）技术将提升社会的方方面面；

（6）技术既解决问题也在创造问题。

人们以前想象不到的新职位可能包括：数据侦探、人工智能辅助的医疗技术人员、首席信托官、增强现实旅行构建者、个人记忆管理者、人机团队经理、个人数据经纪人和发言人。认知技术解决方案公司甚至提供了这些职位的职位描述模型。

对失业的恐惧如同乌云一样掩盖了更光明的未来，在这个未来里，有许多工作是自动化的，我们终于有能力将人类独有的技能用于追求创意、美感、情感、关怀和快乐。在一个更平凡的预测中，人工智能将使我们在典型且单调乏味的工作中提高效率。不管怎样，未来并不全是坏事。

尽管金融服务业的就业率自2008年以来一直在降低，但迄今为止，在一定程度上是由于大衰退以及机器的取代所造成的。展望未来，金融服务业最脆弱的工作是那些自动化成熟的工作——美国劳工统计局（US Bureau of Labor Statistics）预测，2014年至2024年期间，银行出纳员和保险承保人的就业率将出现明显下降。也就是说，金融服务企业正在招聘软件开发和数据科学领域的人才。大型金融机构正在收购和投资能够运用人工智能和机器学习的欺诈检测与金融安全初创企业，以获得可能成为银行战略资产的技术和劳动力——这证明，管理金融机构所需的人类技能正在发生变化，而不是受到侵蚀。我们应当学习如何与机器人一起工作，因为他们很快就会成为我们的同事。

花旗集团（Citigroup）风险投资部门的总经理阿尔温德·普鲁肖塔姆（Arvind Purushotham）表示，金融机构面临的大问题还不能被机器解决，而是由人工智能（AI）协助的人类来解决。普鲁肖塔姆说，"我们认为在人类辅助的人工智能和人工智能辅助的人类之间，有些事情只有人类才能做，软件程序几十年内也赶不上人类。"这表明人类和机器之间出现了一种倾向于共生的关系。此时，人和机器都相互依赖，并通过交互来彼此提升。

还有一些人预测，面向金融服务业，人工智能将以一种更具侵蚀性的方式取代人类劳动力。尽管现在在城市街道和杂货店里自动取款机（ATM）随处可见，但它让很多银行出纳员失去了工作。随着互联网和手机银行的出现，客户越来越多地通过手机在家访问银行资源，而不是开车去银行与人互动，更多的银行工作人员将被取代。

伦敦风险投资公司 Balderton Capital 的合伙人 Suranga Chandatillake 认为，金融服务业的下一波取代浪潮将是"伪白领工作"，如审查抵押贷款申请和调整保险索赔。这些职位在公司层次结构中比高管或经理低，尽管具有需要人工判断的特点，但是人工智能在提高速度、提高准确性和减少偏差方面的性能也正在提高。符合这些特点的工作最容易受到"外包"给机器的影响。

人工智能最大的影响并不是因为机器取代了人，而是从资产负债表中剥离的人力资源成本。这是对人工智能变革潜力的短视。这里假定了人只是一种成本，而不是一种资产。我们建议将人工智能视为提高性能的"添加剂"，而不是人力资源的替代品。如果企业能够促进人和智能机器之间的协作，他们将在性能改善方面获得巨大回报。

《哈佛商业评论》的一项研究表明，人类和人工智能已经创造了协同智能。"虽然人工智能将从根本上改变工作的完成方式以及由谁来完成，但这项技术更大的影响将是对人类能力的补充和增强，而不是取代人类"。

我们认为这一观点是对散布关于"外包"给机器这一恐惧的有力谴责。人工智能真正的变革性影响不是把人类劳动者逼到绝境，而是让他们拥有更强的分析能力和数据驱动能力。此外，智能机器还需要由人类训练和解释。

人可以训练智能机器，解释它们的输出，并确保负责任地使用它们。反过来，人工智能可以提高人类的认知能力和创造力，将工人从低水平任务中解放出来，并扩展他们的物理技能。

5.4　AI 是水平使能层

体力劳动的自动化可以带来发展，而不仅仅是效率的提高。亚马逊正在持续推进机器人与人类的协作，以提高配送中心的效率。亚马逊解释说，在机器人使用方面的扩张给他们带来了更多的投资和新的就业机会。

事实上，有机器人的工厂往往比没有机器人的工厂雇佣更多的人，因为机器人使这些工厂效率更高，能够处理更多的订单。机器人不能包办一切，更多的订单意味着需要更多的人。换句话说，机器人可能不会抢走我们的工作，它们很可能会创造我们的工作机会。

截至本书发布，在亚马逊全球175个配送中心中，超过25个使用了机器人。亚马逊的配送中心有超过10万个机器人，它们可以自动向工人递送产品，然后工人将箱子打包交给客户。然而，亚马逊的仓库实现部分自动化已经有一段时间了。亚马逊在大多数情况下利用机器人将货架上的产品运送给工人，然后由工人选择要发货的商品。人类处理会让机器人感到晕头转向的复杂操作，而机器人则做着携带重物在仓库里跑来跑去的枯燥任务。

在位于伊利诺伊州莫尼的仓库中，人类和机器人现在可以并肩工作，完成客户订单。该仓库有2000多名全职员工与一批Kiva机器人一起工作。机器人给工人运送物品，并协助工人完成任务。

令人惊讶的是，尽管有机器人的影响，人类的工作并没有发生太大的变化。机器人只是帮助完成困难的任务。该工厂的总经理杰夫·梅辛格（Jeff Messenger）表示，"与没有机器人的仓库相比，人类与机器人一起协作的工作并没有你想象的那么不同"。他解释说，机器人应对的是被认为繁重的体力劳动。机器人可以搬运箱子，以及做一些事情来帮助人类变得更加高效，如分发适量的包装胶带和抬起沉重的箱子。机器人是人类的好帮手，既可以增加精确度，又可以处理繁重的工作。

正如我们在亚马逊的仓库和配送中心看到的那样，所有部门和所有领域都在使用机器人。而人们常常误以为机器人实际上是用来取代人类劳动力的。正如亚马逊的场景所示，机器人通常扮演着对人类具有挑战性的辅助角色。也就是说，我们距离完全自动化的工厂可能只有一步之遥——我们只需要在机器人像人手一样操纵物体方面取得一些进步（除最精细的包装任务之外），所有的任务都可以"外包"给机器人。在本书出版之前，波士顿的机器人设计师已经为一个灵巧的双足机器人申请了专利，它可以一边织毛衣，一边跳踢踏舞。

美国国家航空航天局（NASA）前首席科学家、人工智能前沿领域科学家、谷歌研究中心总监彼得·诺维格（Peter Norvig）表示，很容易预见劳动力大量流失的负面影响，但几乎无法想象这会带来什么好处。但是，当内燃机取代马车时，也创造了数百万个新的工作岗位，这在当时同样是不可想象的。

研究表明，研究具体的工作并不能很好地说明机器将在哪些领域占据主导地位。相反，将被机器取代的是工作活动而非实际职业。依赖电子数据的重复性、常规性和可预测性活动最容易实现自动化。然而，要使自动化发挥作用，就必须对知识和相关的决策标准进行清晰的定义和结构化。问题本身必须清晰易懂，才能准确地编成算法。传统制造流程中就有这样的例子，如装配工作、安全监控、时间跟踪、运输和库存决策。这些决策都是非常常规的，因此很容易实现自动化。我们在银行业也能看到自动化的身影，如信用卡和贷款申请的处理，以及投资组合的变更。这些都是技术性的战术活动，问题容易明确，答案基于数据，因此容易实现自动化。

仍然属于人类领域的是那些不可预测的、需要管理其他人的、需要与利益相关者互动的、应用专业知识决策的，以及向其他人解释决策的工作。同样，需要高度想象力、创造力、目标设定或战略思维的工作也不可能实现自动化。这些工作将继续需要人类的独特技能，如行政和领导角色、管理者、医生、教师、建筑师、理疗师、私人教练、谈判者和发型师等。

然而，所有这些角色都将由机器辅助。机器不是威胁，而是合作者。人类要想脱颖而出，提高生产力和效率，就需要这种良好的人机交互关系。

根据亚马逊首席执行官杰夫·贝佐斯（Jeff Bezos）的说法，我们企业内部正处于人工智能和机器学习的黄金时代。

我们正在用机器学习和人工智能解决过去几十年存在于科幻小说领域

123

的问题。人工智能和机器学习是一个水平使能层。它将改善每一家企业、每一个政府组织、每一项慈善事业——世界上基本没有任何机构不能通过机器学习来改进。我想说的是，我们从机器学习中获得的很多价值实际上都藏在表象之下。如改进搜索结果，改进对客户的产品推荐，改进对库存管理的预测。不夸张地说，表象之下还有成百上千的其他东西。我认为我们在机器学习领域所做的最令人兴奋的事情是，我们决心通过亚马逊网络服务系统（在亚马逊网络服务中，我们的用户是公司员工和软件开发人员）让每个组织都可以接触这些先进的技术，即使他们不具备目前所需的专业知识。目前，为您机构的一些特定问题部署这些技术仍然存在困难。这需要很多专业知识，必须去竞争机器学习领域最优秀的博士，而很多机构很难在这些竞争中获胜。我认为我们可以通过这种方式为自己建立一个伟大的企业，并且对于希望使用这些先进技术的组织来说，它将极大地提升其能力。

这些人工智能和机器学习功能由亚马逊首创，并通过云计算广泛提供给小型企业，人工智能已经成为一个水平使能层，赋能所有部署它的人。

5.5 互补的同事：大卫·莫拉维克的悖论得到解决

人类和机器是相辅相成的。一个的优势是另一个的弱点，它们在一起可以弥补对方的缺点，增强对方的优势（见图5.2）。

随着企业力图将人和机器整合在一起，交互机器人领域日益兴起。交互机器人研究的是"人们如何与人工智能技术互动"。机器在高强度分析、精确计算和处理速度方面都表现很出色，还可以处理巨大的数据集，识别人类无法想象的模式，并提供无与伦比的准确性。

尽管如此，像IBM的沃森这样功能强大、明确"旨在理解人类自然语言"的机器，也必须通过数以百万计的线索来建立足够的上下文，才能理解对人类来说一目了然的事物。而人类可以利用上下文线索建立联系，富有创造力，并能够"跳出框架"思考。他们具有创新精神、战略眼光、领导能力、同理心和情感，并且能够解释他们决策的逻辑。

图5.2　莫拉维克在管理应用中的悖论

　　后一种"人的能力"值得强调。解释一个答案的逻辑对于所有重要的业务决策都至关重要——不仅仅是答案是什么，而是为什么它是答案，为什么它很重要。"机器没有独立的方法来知道某些结果是否重要或为什么比其他结果更重要，除非它们已经用明确的参数进行编程。对机器说什么事情很重要有什么意义？一个结果是重要的还是不重要的，都是根据它被告知什么是重要的。"尽管认知计算正在取得进步，如使用遗传算法和神经网络，但人类和机器在解释和论证能力上的差异将持续很长一段时间。

　　"医疗诊断人工智能可以挖掘癌症或糖尿病患者的多年数据，找到各种特征、习惯或症状之间的相关性，以帮助预防或诊断疾病。只要它是一个有用的工具，创新精神、战略眼光、领导能力、同理心、情感，以及能够解释其决策的逻辑等能力对机器来说重要吗？也许并不重要，但对于那些想要打造下一代智能机器的人来说，这非常重要。"

谷歌前首席执行官、Alphabet董事长埃里克·施密特（Eric Schmidt）表示，对"外包"机器的担忧被夸大了，因为只有最常规的工作才能被取代，而大多数人类的工作技能无法被机器复制。也就是说，"为了提高生产力，人类将需要与机器并肩工作。"

通用电气（General Electric）前首席执行官杰夫·伊梅尔特（Jeff Immelt）在对"外包"机器导致大规模失业这一问题进行预测时，做出了更加直言不讳的评估。伊梅尔特认为，将在五年内实现由机器人完全运营工厂的想法是"胡说八道"的。显然，我们距离大规模流离失所还有很长的路要走，因为在通过科技来提高人类技能，从而提高生产力方面，仍然有太多尚未解决的问题。

技术进步和机器能力将继续加速发展。同样，人类将需要在这个新环境中发掘增加价值的技能。虽然很多职位将被淘汰，但更多的职位将被创造出来，这些职位可能对技能的要求不同。许多新工作将是"旧世界"工作的新版本，这些职位需要掌握设计、编程、监控和修复技术的人，还需要能够向其他人解释数据、信息，并具有机器洞察力的人。此外，还需要能够使用技术及其成果，然后与其他人（客户、患者、同事、上级和其他利益相关者）进行互动的人。

在创新的背景下，人工智能更好的使用方法应该是对人类的创造力加以补充，而不是取代它。例如，使用人工智能的市场部门可以模拟当公司推出创新产品时会对市场产生什么影响，从而在投入大量资金进行研究、设计和发布之前建立影响公司业绩的系统模型。市场营销部门可以使用人工智能将所有产品整合到一个类别中，并确定这些产品的最畅销特征，然后将这种洞察力作为产品设计阶段的输入。

广告公司M&C Saatchi创新业务总监萨姆·埃利斯（Sam Ellis）表示，尽管过去该公司的员工可能担心在广告中使用人工智能会扼杀创造力，但现在，他们对于利用人工智能收集潜在客户信息的力量感到兴奋。以张贴在伦敦公交站海报上的咖啡品牌广告为例，这张海报是数字的，而不是印刷的，这意味着它可能会像变色龙一样变化。这张海报将从"单调的灰色和大段文字"变成"简约的图片和简短的一句话"。虽然在广告中改变图像并不是什么特别的事情，"但这张特别的海报的独特之处在于，并非人们都在看它，而是它在观察人们，并在学习。"

这张海报以人工智能功能为特色，该功能使用面部跟踪来监测路人的眼球运动，并将这些数据与基于遗传学的算法相结合。这使得人工智能能够识别海报的哪些特征最引人注目，然后将反馈内化以修改设计。广告的每一次连续排列都会比之前的迭代有所改进，随着它的演变，它会学习并变得更加引人注目。

埃利斯说："我们很惊讶——该海报的学习速度这么快。"在不到三天的时间里，人工智能驱动的市场营销技术"正在按照广告业目前的最佳实践来制作海报，这些最佳实践是经过几十年的人类试验而发展起来的，如意识到三到五个字的口号是最有效的。"

对于一些读者来说，这个例子会让他们毛骨悚然。令人不可思议的是，海报可以监测自己的观众，并修改自己的设计，使自己变得越来越吸引人。这些技术是否有可能因太追求效果而侵犯消费者的私隐，以至于不被人类接受呢？我们将在第6章深入探讨这个问题。现在，请看这个例子的结果，即人工智能甚至可以在营销和广告等"更需要人类创造性的工作"中找到应用。

人类将越来越多地与机器——他们的新同事并肩工作。这将要求人类在人机界面方面做得更好。虽然机器将完成日常任务，但人类将需要开发社交、情感和创造性的智慧，以便战略性地利用这些机器所增强的能力。此外，需要社交技能的非常规任务将继续由人类完成。例如，人们可以考虑成为一名理发师、化妆师或私人教练。这些工作将需要独特的人类技能，短期内不会被机器所取代。另外，需要人际交往的工作，如社会工作者，也不太容易被机器所取代。

人们要适应人机界面交互的工作，需要具备我们在第四章中讨论的三种素质。首先，人们需要广泛涉猎知识，而不是高度专业化。这将使员工能够连接其组织的不同部分，与跨职能团队合作并适应灵活的层次结构。

当然，员工不仅需要有自己的专业领域，同时也需要了解他们正在与之互动的其他领域。其次，人们还需要具备将技术与人类联系起来的能力，如技术素养，以及具有协作、创造性和情感意识的能力。最后，人类将需要发展他们独特的人类特性，如情商、同理心、领导能力、社会和文化意识、道德敏感性、审美品位等。

5.6 性能增强剂

我们可能没有意识到，人类与机器的合作正渐入佳境。当我们上车时，很多人都会启动谷歌地图，在算法的指引下到达目的地。也许我们没有意识到，其实我们正在与一台机器合作。当我们要求苹果手机的私人助理Siri阅读电子邮件、安排约会或查找离我们最近的餐厅时，我们就是在与一台机器合作。当我们使用亚马逊的智能音箱Alexa，通过语音指令设置房屋警报器或房屋的灯光时，我们就是在与一台机器合作。即使是看起来很简单的任务，如当前的天气更新和垃圾邮件过滤，都是基于人工智能的，并涉及某种程度的人机交互。

在接下来的章节中，我们将从以下方面讨论机器如何让人类变得更好的例子：增强智能、协作机器人、正反馈、增强创造力、提高创新能力、通过可视化分析增强学习。人机协作分不同的层面，最基本的层面是自主智能。这就是机器独立于人类工作的地方，如工厂里完全自主的机器人。但在技术和人文交叉的方面，则要应用增强智能、协作机器人、正反馈、增强创造力、提高创新能力、通过可视化分析增强学习。

5.6.1 增强智能

增强智能是指机器从人类输入的信息中学习，反过来，机器向人类提供信息，以做出更准确的决策。在许多业务领域中，人工智能都能加快流程，为决策者提供可靠的洞察力，例如，营销自动化是客户关系管理

（CRM）应用程序的关键功能之一。其详细的市场细分和活动管理通常是自动化的，提供着宝贵而详细的客户需求分析。这使销售团队能够更好地与客户互动，并为客户提供更好的服务，创建靶向营销活动。在算法和团队之间有一个反馈循环，他们增强了对方的表现。

机器对人类技能的提升正发生在各行各业，甚至在我们自己的生活中。金融业就是一个很好的例子。以投资公司先锋（Vanguard）为例，它现在有一项"个人顾问服务"（Personal Advisor Service），可以与客户进行互动，并将自动投资建议与人工顾问的指导意见相结合。机器技术被用于执行许多传统的投资建议任务，根据客户的资料定制化设置投资组合，如投资组合的自动再平衡。大部分例行任务已经实现自动化，而人工顾问则充当"投资教练"。他们的任务是解释并回答投资者的问题，并鼓励良好的金融行为。用先锋集团的话说，人类是让投资者按计划行事的"情绪断路器"。人工顾问甚至被鼓励学习"行为金融学"，从而有效地履行这些角色。

这个例子清楚地展示了人类员工需要具备的新技能，以及人类客户的情感在设计工作职能中所起的重要作用。这也表明，就业岗位没有被淘汰，而是发生了改变。人们在向其他人解释经过优化的人工智能输出结果时，使用的语言必须能引起情感共鸣并得到信任，以免被忽视。

先锋集团将其投资方式描述为一种融合了人工顾问和自动化投资的"混合产品"。其个人顾问服务部主管卡琳·里西（Karin Risi）表示，投资组合只是产品的一部分，人们还需要关于如何使用退休储蓄、如何应对市场下跌以及其他资金问题的建议。她解释说，人们越来越不需要与人工顾问谈论日常事务。然而，当经济或客户的生活发生变化时，他们必须进行人际互动。这些情绪事件是算法无法处理的。里西说："很多客户，包括我自己，无论是市场低迷，还是有了孩子，或离婚了，不到万不得已可能不会和他们的顾问交谈。"

这种增强的混合方式几乎正在成为每个部门的常态。这表明，人类需要做好准备，为新的一系列工作学习不同的技能，以便与机器互动。

5.6.2　协作机器人

Co-Bots是"协作机器人"的缩写，即与人类在共享工作空间中进行物理互动的"第二代"机器人。它们被设计用于与人类员工进行团队合作。与第一代的自动化不同，先进的协作机器人现在可以识别人和物体，它们可以与人类一起安全地工作。这开启了新一轮人机交互浪潮。

这种互动将增强智能提升到了一个新的水平，并且放大了人类的能力。请考虑这样一种情况，在工厂里，协作机器人可能会处理重复的动作，如搬运重物。同时，一个工人可以完成合作双方都无法单独完成的互补任务，这些任务需要灵活性和人类的判断力，如组装齿轮电机或者做精致的包装。然而，这种互动在协作机器人的开发和工人培训方面也产生了巨大的安全性和人体工程学影响。

此外，在汽车行业，福特（Ford）和现代（Hyundai）等公司正在运用外骨骼技术，扩展了协作机器人的概念。这些可穿戴的机器人设备能够实时适应用户和位置，使工人能够以超人的耐力和力量完成工作。同时，还能保护工人在完成困难和危险的任务时免受伤害，几乎使他们成为超人。

当然，可穿戴技术不是人机共融体的功劳，但我们认为这是自动化进化的例子。

5.6.3　正反馈

除单纯的物理增强之外，人机界面正在转向人和机器相互促进的正反馈关系。最近，加州大学伯克利分校（UC Berkeley）工程学教授肯·戈德伯格（Ken Goldberg）引入了多样性的概念，以描述人工智能将如何影响未来的劳动力。主要观点是，人机交互将导致人类能力的增强。

戈德伯格教授驳斥了对机器人接管劳动力和取代人类的恐惧。相反，他描述了一种混合型劳动力，由不同的机器人和人类组成，携手合作，以缔造更加卓越的结果。与任何一个团队单独工作相比，他们所能完成的任务要多得多。

他举出了一个例子，一些世界顶尖的围棋选手正与 AlphaGo 展开角逐，这些选手基本上是由人机团队组成的。其中，选手通过研究 AlphaGo 以前的棋局来学习新的策略，而算法则通过研究选手来学习新的策略。

这种良性的正反馈循环是我们在谷歌搜索、Netflix 和 Spotify 推荐系统，以及其他人工智能系统中看到的系统交互类型。正如戈德伯格教授所指出的："最重要的问题不是机器何时超越人类的智慧，而是人类如何以新的方式与它们合作。"

5.6.4　增强创造力

上文所述的增强和正反馈，对于提升人类创造力影响巨大。人类可以将机器作为"主力"来快速挖掘选项，而人类只需提供规范。例如，计算机辅助设计（CAD）系统可以为设计者生成数千个设计选项，这些选项将满足设计者指定的目标并符合设计参数。设计人员可以致力于制定规范，然后将它们提交给 CAD 系统。很快，CAD 系统可以提供数以千计的选择，然后，设计人员可以查看这些选项，对其进行完善、改进和确定。设计者和运行在设计者计算机上的 CAD 程序不断迭代工作，最终创造出理想的设计。

这一合作方式现在已经成为现实。Autodesk 公司的 DreamCatcher 人工智能系统作为下一代 CAD，恰恰就做到了这一点。DreamCatcher 是一个生成式设计系统，它使设计人员能够针对自己的设计创建一套具有特定目标和约束的初始规范集。算法利用这些信息来确定满足这些目标的替代方案。设计人员能够在众多替代方案之间进行探索和权衡，并不断迭代和改进他们的解决方案。

例如，设计师可能会向 DreamCatcher 提供关于椅子设计的规范。最低要求可能是椅子最多能够承受 300 磅（1 磅≈0.45 千克）的重量、座位离地面 18 英寸（1 英寸 =2.54 厘米），以及材料成本低于 75 美元。椅子设计师还可以指定许多其他标准，如首选的材料和颜色，甚至对其他椅子样式的偏好。然后，这个算法会产生成千上万个符合这些标准的设计，而这往往会激发出设计师最初可能没有考虑过的想法。然后，他们可以对算法做出回应，提供反馈并改进设计，以满足他们不断演变的规范。在寻找符合规范的设计方面，算法承担着"繁重的任务"，设计师现在可以更自由地使用人类独有的创造力和审美判断能力。

5.6.5 提高创新能力

机器也在提高人类的创新能力。以制药行业为例，辉瑞集团（Pfizer）正在使用IBM的沃森来加速艰难的药物发现过程。一个很好的例子是免疫肿瘤学的研究。一种新兴的癌症治疗方法是利用人体的免疫系统来帮助抗击癌症，但非常耗时。免疫肿瘤学药物可能需要长达12年的时间才能推向市场，并且是一个劳动密集型的过程。等待新药发现的第一年都意味着许多本可避免的癌症患者的死亡。

然而，IBM的沃森通过将完整的文献综述与辉瑞自身的数据（如实验室报告）相结合，大大加速了这个过程。研究人员可以不断地了解这些信息，包括表面的关系、隐藏的模式，这些模式可以加快新药靶点的识别，用于进一步研究联合疗法，以及这类新药的患者选择策略。所有这些大数据驱动的人工智能洞察力都有助于研究人员更快地找到治疗癌症的办法。

最大的成功在于AI可以快速高效地处理数千个场景，然后找出能够优化某些标准并最大限度实现理想结果的方案。

5.6.6 通过可视化分析增强学习

面对机器智能，人类决策的一个重要方面是人类如何接收给定的数据。成功地从数据中获取信息在很大程度上取决于数据的可视化呈现方式。研究表明，数据的可视化呈现方式可以对数据的解释方式和最终决策的成功与否产生重大影响。随着数据的可视化、展示和操作技术的突飞猛进，这些可能性在当今世界显得尤为重要。

考虑到很少有人从数字或数据表的角度来思考。某种程度上，人类可以看作是造物主创造出来的精神模型的物理表示。可视化不仅有助于提取情报、理解关系和模式、发现趋势，还能有效地将调查结果传达给受众，因为它可以很容易根据他们的背景量身定制。

可视化分析背后的理念是通过整合数据分析方法，将计算机分析的优势与人类的感知、智慧和直觉相结合，从而获得更好、更快和更具可操作性的结果。计算机在处理人类无法察觉的大量数据方面功能强大且高效。

然而，真正的问题是，许多现实世界的问题从一开始就没有得到足够好的定义。考虑到当今商业环境的复杂性，这一点尤为突出。通常情况下，在捕获问题的本质之前，我们首先需要研究可用的数据，可视化分析提供了探索和发现在统计建模中隐藏在默认假设之外的关系的方法。

可视化分析是传达给特定受众最终结果的一种有效工具。它是一种探索和利用隐藏在未知数据源中的机会和知识的工具。在许多应用中，成功与否取决于能否在正确的时间获得正确的信息。

当前，原始数据的快速获取已不再是问题，难点在于如何将这些数据转化为智能和知识。由于数据量呈指数级增长（摩尔定律），这一问题变得更加严峻。与此同时，可视化分析提供了"看见"数据的方法。突破了人类的本质限制。

可视化分析使信息"透明化"，为分析讨论提供了交流数据的手段，而不仅仅是展示结果。因此，它是一种人类和机器进行合作的媒介。

虽然可视化分析对于从大量数据中提取信息至关重要，但实施成本高昂，需要对计算机技术和相关领域的专家进行投资。因此，在实施时有几个需要考虑的因素。其中，最关键的是在可视化所需的资源和企业需求之间找到适当的平衡。

首先要考虑的问题是：问题的复杂性、解决问题的难度，以及分析的目标。例如，不同于设计多种解决方案、并需要做出选择判断的问题，只有一个单一最优解决方案的问题可能不需要人工参与。其次要考虑的问题是：数据的数量和质量。例如，数据集有多大、涉及的变量有多少、数据是否全面，以及数据是否"干净"。最后，还要考虑用户的能力。这不仅仅要求用户具有分析的能力，还必须拥有远远超出理解问题本身的领域知识和上下文知识。

这三个关于问题、数据和用户的问题，必须在完全计算机化和可视化的极端交互性之间进行权衡。如果问题定义明确、数据完整，并且只需搜索一个最优解，那么这些问题可以且应该完全实现可视化和计算机化。许多问题不依赖于解释，甚至可能严重依赖于纯粹的计算和分析。而另一个极端是非常无结构化的问题，没有足够的数据，并且依赖于专家的领域知识。最后，还要看问题的重要性。有些问题比较琐碎，很容易实现自动化，但可能承担不起可视化分析的成本。

最终，企业在决定是否投资可视化分析时，必须做出相应权衡。从数据中提取的情报信息使人类能够更好地理解机器"同事"提供给他们的数据，这将大大地增强人机协作。

5.7　全新的人机界面

从收集日常信息到增强创造力和创新，使用机器做任何事情，都需要人类掌握不同的技能。机器会生成数据、预测和信息。人类需要将这些产出作为他们创造的基础，并提出新的想法和设计。他们还需要训练机器，对其进行编程，并根据机器的输出进行调整。同时，还需要人来提供领导力并制定战略。

我们呼吁人类员工扮演新的角色，发挥我们的互补优势（见图5.3）。

企业如何让员工与新的机器人同事共事？下面我们将回答这个问题。

归根结底是人（无论是个人还是团队）根据智能机器的输入做出重大决策。改组重建必须把重点放在实现这一点上。作为人类，我们摄取和理解数据的能力是有限的。人类作为决策者的主要行为局限在数百项研究中都有记载，它本身就是一门跨越经济学、心理学和法学领域的学科。机器必须提供可视化的输出，以便决策者能够将其整合到决策中。人类在创建有用的数据可视化和仪表盘方面已经做了大量工作。这些工具使管理者不仅可以查看关键变量，还可以操纵某些变量的值，并"看到"其他因变量的变化。

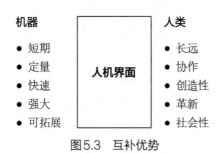

图5.3　互补优势

　　这正是IBM的沃森计算机与纽约市纪念斯隆-凯特琳癌症中心（MSK）合作的一个项目中所做的事情。沃森被用于筛选大量关于患者和治疗方案的数据，并为特定患者推荐最佳治疗方案。它确实使用了预测分析，但这并不意味着沃森能给出答案，或者确切地告知未来会发生什么。相反，沃森提供了多种选择方案，而有执照的医疗专业人员可以利用这种决策支持来提供更好的治疗方案。

　　例如，对于一个特定的癌症患者，参考所有可用的患者数据，沃森可能会推荐三种治疗方案。第一种可能是95%的置信水平，第二种可能是45%的置信水平，第三种可能是10%的置信水平。然后，医生可以根据这些信息做出最终决定。这是机器在这样的环境中可以做的典型操作。毕竟智能机器不是占卜用的水晶球，它只能给出结果的可能性，进而帮助人类做出最终决定。

5.8　发展对机器的信任

　　完美的人机界面可以看作是两位互补同事的纽带。它也可以被视为一座弥合"大鸿沟"——一条分隔两个相互竞争且截然不同的信息处理实体的鸿沟——的桥梁。我们采访的公司面临的最大问题之一是，需要制定策略使员工接受他们的新同事并信任机器。

对机器缺乏信任将导致员工调整算法提供的数据。我们采访的一家分析领域的龙头企业遇到了一个问题，经理们只是简单地修改机器提供的数字，因为他们不太信任这些数据。其他人则继续做例行决定，而不管他们得到的数据是什么。这种信任的缺乏确实有悖于初衷。

要实现真正的融合，做决策的人不仅要在有需要的时候拥有数据，而且他们还要对数据有信心。公司需要积极的战略，在各级员工之间发展相互信任的工作关系。如果我们轻蔑地对待技术，实施技术对我们则没有任何帮助。

我们采访的几家在人机界面方面取得了一定进展的公司，都认为"大鸿沟"是切实存在的，并为此做好了积极准备。下面是他们采取的一些策略。

第一，领导者必须开诚布公地向组织传达他们的愿景。包括他们的技术目标、组织将如何改变、各阶层的人将受到何种影响、改变将如何发生、在什么时间范围内发生，以及对组织发展方向和对未来的展望。这些都需要定期更新，并提供后续答疑解惑的机会。这是一个非常重要的因素，能使人们不被恐惧占据。关于失业的流言很快就会成为人们茶余饭后的话题。如果没有公开化和常态化更新，领导者可能为其工人破坏技术或其他形式的反抗创造条件，进而对生产力、士气和经济表现造成负面压力。恐惧侵蚀了人类凭直觉思考的能力。无处不在的被替代的恐惧很快会摧毁一个公司的文化。

第二，企业需要跳出只为他们的人才提供基本技术培训的范畴。尽管技术培训是使用该技术的必要实施阶段，但是一些公司发现，安排员工参观其他使用相同或类似技术的公司非常有帮助——提供一个模板使人们能够真正看到技术是如何使用的，以及工人是如何与技术接触的。如果范例来自竞争对手，这肯定很难实现。但在两家公司没有真正竞争的情况下，这样的参观可能是敞开大门的。

观察别人是如何工作的提供了一种个人体验。这对于建立信任和接纳大有裨益。一旦掌握了技术方面的知识，就必须在有限范围内进行试点。这将有助于巩固所学的知识，确保一切顺利运行，并将有助于接纳。

第三，向用户提供他们将要使用的技术工具的几个版本，并允许他们从备选方案中进行最终选择是获得认可的一个有用步骤。这将创造一种主人翁意识，并允许企业在大力推广之前确定可能失败的原因。让员工参与到方案选择的过程中，通过允许他们参与工作（而不是强加于他们）进而创建信任。这不仅仅是提供技术培训本身，而是为将要使用该技术的员工提供机会，以了解潜在问题，拥有选择拒绝该技术的权利，并寻求帮助，让团队为采用它做好准备。这些策略利用了人类恐惧心理和好奇心理，并提供了尊重感和社区归属感。如果没有这些，你可能会面临采用新技术而失败的风险，就像器官捐赠的受用者排斥器官移植一样。

第四，实施战略的一个重要因素是针对企业的管理层。关于技术接受度的大部分讨论往往集中在一线员工或高层领导身上。然而，中层管理者是顶层战略和直接实施的关键。不同于与技术和操作打交道的员工，管理者是中间人，他们对技术的态度将渗透到下属员工身上。我们采访过的几家公司发现，对管理层采用访谈或匿名调查的形式是有效的。其主要目的是揭示管理层隐藏的态度和发展机会。从这些采访和问卷中获得的见解有助于对管理层开展培训，提供发现隐藏问题的机会，并制定新的激励措施。一位较低级别的经理透露，公司"实际上注意到了这些回应，并做出了适当的改变。"他还表示，员工们很兴奋，也更愿意拥抱新技术了，因为这种经理级的反馈实际上已经被高管们内化了。

第五，人机界面将受人类情感的支配。机器只会做它们被编程去做的事情。这样的话，人类可能更难以适应。因为我们不那么容易被程序化。人工智能与人类的融合成功与否将关系到许多公司的成败。

Fetch Robotics 的首席执行官兼创始人 Melonee Wise 说得很好。她强调，这项技术本身只是一种工具，就像任何其他工具一样，领导者可以按照他们的意愿使用。机器可以用于代替人类的工作，或者公司可以选择用它们来辅助人类工作。"你的电脑不会使你解雇，你的机器人也不会使你解雇。拥有这些技术的公司制定了那些改变劳动力的社会政策。"

5.9　人工智能时代的人力资源

我们已经努力回击机器人"外包"所带来的恐慌。我们预测人工智能将改造我们的工作，而不是夺走我们的工作。我们强调了工作场所中的人工智能会让人类变得更有价值，智能机器可以让我们的工作环境变得更个性化、更直观化和更人性化。这取决于管理者如何找到人工任务和自动任务的正确组合和平衡。在人、机器以及它们的某种组合之间分配工作流是人力资源经理新的优先事项。

人工智能将对人力资源管理产生巨大的影响。可以预见的是对招聘、培训、现有任务的执行，以及形成全新的工作形式的影响。

人工智能在招聘过程中的应用可以减少招聘时间，提高招聘人员的工作效率，并增强应聘者的体验。例如，当星展银行（DBS Bank）的人才招聘团队采用了人工智能支持的虚拟招聘机器人"吉姆"（JIM）时，他们在这些方面看到了巨大的收益。"吉姆"这个熟悉的名字是美剧《办公室》中一个很受欢迎的人物，实际上它代表的是"求职智能大师"（Jobs Intelligence Maestro）。星展银行使用"吉姆"，能够将每个应聘者的筛选时间从32分钟减少到8分钟，这节省了大量的时间，尤其是在处理成千上万名应聘者时。

将筛选应聘者职能外包给机器人"吉姆"，使招聘人员能够专注于招聘过程中那些涉及情商、人际沟通技巧和创造性表达的环节。例如，解释银行的文化和价值观，以确保应聘者不仅仅是简历合格，而且是全方面与招聘团队"契合"。

星展银行人才招聘组负责人詹姆斯·卢（James Loo）表示，"吉姆"已经为团队做出了许多贡献，因为他手下的招聘人员已经被解放出来，从而完成寻找资源、与候选人和招聘经理接洽等更有价值的工作。

在上一章中，我们讨论了人类独特的技能和特征，如关爱、情商和审美等。我们预测，在未来的工作中，情商将和智商一样重要。即使有先进的技术工具在发挥作用，我们仍然需要具有情商的营销人员，他们在进行推销时能够了解整个环境的情况；在创建新技术的用户体验界面时，我们仍然需要具有审美敏感度的人类设计师。这种工作需要人的主观情感和感官体验的输入，创造出能够让不同语言背景的听众听起来都感到愉悦的自动化语音就是一个例子。

同理心是我们不太可能在接下来的几十年里将其自动化的情感技能之一。虽然我们可以教计算机鹦鹉学舌式的共情语言模式，但我们不认为它会产生与人类同理心相同的效果。与有同理心的人建立有意义的人际关系就像如何开玩笑一样，并不是每个人都知道怎么做，而且也不容易被编成程序。

随着越来越多的客户服务功能自动化，投资人际交往技能以主动填补空白是有意义的。例如，美国银行（Bank Of America）正在为经常面向客户的员工推出一项全国性的同理心培训计划。美国银行金融学院和顾问发展部的负责人约翰·乔丹（John Jordan）称，这项培训是一门"人生阶段导航课程"，帮助银行员工根据客户所处的人生阶段了解他们的优先事项和基本关切，这是一项需要情商和同理心的任务。这是在发挥我们的长处！

5.10　过度依赖的危险：技能萎缩

让人参与组织流程和决策而不完全依赖技术之所以重要，还有其他原因。在机器外包方面，我们应该止步于此：我们可以将某项功能自动化，但这并不意味着我们应该这样做。在我们鼓励与机器合作的过程中，我们不要过于依赖它。如果我们过于依赖技术，我们将会置身于风险中。如果我们将关键功能完全交给机器以实现自动化，一旦遇到停电，机器人无法运行时，会发生什么？我们可能会陷入困境。我们把人类无法执行以前由人执行的任务这种现象描述为"过度依赖引起的萎缩"。

事实上，技术有潜力让企业变得更有成效且高效。但是，加大对技术的利用也存在一些潜在的缺点。人机共融体是人和技术（机器）的结合（而不仅仅是采用更多的技术），当一种优势抵消了另一种弱点，它就诞生了。

过度依赖的另一个风险是自我实现预言问题。

完全依赖技术会增加机器故障的物理和操作风险。在很大程度上，技术运行顺利，同时带来了创新和便利，使我们的生活更丰富多彩，使我们的工作更富有成效。然而，完全依赖技术而没有备选计划会产生过度依赖的危险。

如果其中任何一个机器停止运转，该机器负责人很可能在恢复电力之前不知道该怎么办。这些潜在的故障不仅令人头疼，而且可能会造成重大风险，尤其是当今技术越来越多地控制整个系统而不仅仅是局部功能的时候，如航线、电网、金融市场、街道红绿灯等。随着公司对基础设施实行自动化控制，他们需要构建隐私系统、安全系统和备份系统，并让人员参与此过程，以避免在自动化系统崩溃时介入所需技能的萎缩。

这突显了依赖电力的基础设施和管理决策之间的联系。从人类的角度来看，可能会是好事——过度依赖机器会给劳动力（以及教育领域）带来不良结果。正如机器不能回答为什么它提供的答案是正确的，或者为什么它很重要一样，过度依赖机器进行分析的人类也将失去回答这些哲学问题的能力。

假设给你的分析师一个要解决的问题，并且分析师使用搜索引擎对数据库进行查询，搜索引擎可以在一秒钟内处理一百万条数据并输出结果。虽然分析师给了你答案，但当你问他为什么这个答案是正确的时候，你会得到其茫然的凝视。分析师会说："因为电脑是这么说的。"然而这远远不够。

根据卡斯帕罗夫的说法，"当数据库和引擎从'教练（Coach）'转到'甲骨文（Oracle）'时，问题就来了。我告诉我的学生，他们必须用引擎来挑战自己的准备和分析，而不是用引擎来为他们做这件事。"如今的孩子们！他们想跳过真正学会分析和"展示他们的工作"的艰难阶段（你可能还记得这个短语，它常常出现在小学代数作业中）。

学生和员工都可能倾向于跳过复杂的分析过程，快速得出一个现成的结果。因此，如果制度设计或管理实践允许并鼓励这种做法，那么企业可能只会盲目地接受机器分析的结果，从而失去验证结果是否真的正确或者理解其为什么是正确的能力。如果我们把人工智能视为魔法水晶球，而不是一个容易出错的同事，我们就不再需要相信科学，而是回归迷信。

过度依赖机器进行分析可能会导致认知能力萎缩，这种认知能力将人类与机器区分开，并在某种程度上让我们成为不可或缺的人：我们具备根据上下文解释、理解并回答为什么的能力。这是一个缓慢出现的风险，因为智力萎缩不会在一夜之间发生。

"如果你一直相信机器的话，过度依赖机器会削弱而不是增强你自己的理解力。"就像谚语所说的温水煮青蛙，尽管它的变化很慢，但风险是真实存在的。卡斯帕罗夫担心，"这就像划船到湖中央，当船突然漏水时，你才意识到自己不会游泳。"

过度依赖萎缩问题，不仅仅要从失去了回答"为什么"的能力的角度来看，更要从我们创新能力萎缩的角度来看。"如果我们依靠机器向我们展示如何成为优秀的模仿者，我们就永远不会迈出成为创造者的步伐。"

一个负责设计新产品的人工智能系统可以应用模式识别能力和机器学习算法，但这只会创造出一款具有现有市场中已有特征的产品，而不会真正创造出一些新奇的产品。如果我们依靠传统的数据分析和机器学习来为我们思考，就不会有根本性的创新。市场营销部门由一个人工智能程序主导，它告诉我们下一款产品应该是什么，那么只能对现有产品进行迭代，即将其他畅销产品的功能拼凑在一起。如果这种做法能带来利润，股东们在短期内或许可以接受，但从长远来看，这会导致智力停滞。机器智能创新产品并保持竞争力的方法只有这么多种。

5.11 小结

人类在短期内不会流离失所。尽管我们不再雇佣大批的总机接线员或电梯服务员，但不知何故，我们"幸存"下来了。

　　自动化将取代那些糟糕的工作，例如，那些对身体有害或极其乏味的工作。没有人会怀念手动引爆炸弹或处理成堆的抵押贷款。机器是工具，工具需要用户和维护。

　　在人工智能的支持下，我们的想象力将被释放出来，以更强大的处理能力发现和探索现实。我们将创造一个适合自己的未来。

　　全球经济的主要部分（如交通设施和医疗基础设施）亟待全面改革。技术将成为解决这些难题的关键工具，进而带来重大的效率收益，每一项改革都将极大程度提升人类的生活质量。

　　尽管技术能解决某个问题，但它可能会造成更多的问题，因此人类的工作永远都不会结束。

第6章
Chapter 6

人机共融时代的法律问题

我们正在进入一个"眼见不再为实"的时代。我认为我们的社会还未对此做好准备。

——保罗·沙尔

新型美国安全中心技术和国家安全计划高级研究员、主任

尽管这些只是简单的电脑游戏,但是信息是明确的:让不同的人工智能系统在现实生活中负责计算利益,如果他们的目标与造福人类的总体目标不匹配,这可能是一场全面的战争。

——第十六届自主代理与多代理系统国际会议记录

6.1 网络安全、"深度造假"和生成对抗性网络

"照片造假并非新鲜事，但人工智能将彻底改变这场游戏。AI不仅仅是一个更好版本的Photoshop或iMovie。""深度造假"即虚假的视频，通过AI扭曲、混合和合成输入来创建令人信服的拟像数据。我们几乎只需要智能手机和带有先进图形芯片的计算机，就能在互联网中创建这样一个视频。开源软件和云托管的机器学习平台已经允许人们自由访问可以用于这些目的的AI程序，如OpenFaceSwap和Paperspace。

生成对抗性网络（GAN）可以创建难以辨别是否真实存在的假照片。GAN通过两个神经网络间的对抗来达到目的，其中一个被训练来识别真实的图像，另一个则训练其造假能力以欺骗前者的"嗅觉"。正如谚语所说，朋友互相切磋砥砺，就好像以铁磨铁，愈磨愈厉。以扩大人格的定义来囊括智能机器，你已经了解了这里使用的GAN技术的本质。

《麻省理工科技评论》将GAN选为2018年度十大突破性科技之一。随着这本书的出版，它肯定会进一步发展。

GAN方法由谷歌研究员Ian Goodfellow发明，GAN方法带来了两个同时训练的神经网络。

其中一个神经网络被称为生成器，它利用一个数据集来产生一个模拟数据集的样本。另一个神经网络被称作鉴别器，用来评估生成器的成功程度。通过迭代的方式，鉴别器的评估为生成器的模拟提供了信息。训练后的最终结果远远超过了人类评审员所能达到的速度、规模和分辨能力。

越来越复杂的GAN方法肯定会导致出现越来越令人信服和几乎不可能被揭穿的"深度造假"。

尽管根据达特茅斯大学的Hany Farid教授的说法，美国国防高级研究计划局（DARPA）已经在研究如何检测GAN产生的"深度造假"，但是，"在法医界，GAN是一个特殊的挑战，因为它可能会与我们的法医技术背道而驰"。

2016 年 10 月美国国家安全局（NSA）主办"第一次网络安全挑战"的两个月后，当时的主任 Michael Rogers 得出结论，人工智能是"网络安全未来的基础"。一个巨大的挑战是美国军方用来改善网络防御的人工智能竞赛。这一比赛让基于规则的智能机器在网络战场上互相厮杀，每台机器都会发现和利用对手的弱点，同时运行大量补丁来加强自己抵御攻击的能力。

尽管我们关注人工智能的商业和企业应用，我们需要指出的是它也同样可以应用于军事。随着它的发展，它将成为一种日益强大的、需要小心使用的资源。它的创造者和拥有者不应该让它落入坏人之手。人工智能和所有有意义的技术突破一样，是一把双刃剑。

法律学者对此感到沮丧。"由于我们的网络环境以错误的方式与我们的认知偏见相互作用，思想市场中的真相已经遭到侵蚀。""深度造假"将大大加剧这一问题。个人和企业将面临新形式的剥削、恐吓和个人破坏。尽管被武器化的"深度造假"具有对政治或企业造成严重破坏的潜在危害，但目前的法律制度提供的保护仍然有限。

6.2　不仅仅是控制问题

回顾第 1 章，人工智能的控制问题是 3 个问题融合的结果：

1. 单例。人工智能可能获得相对人类的决定性的战略优势。

2. 正交性。人工智能的最终目标可能与人类的价值观和目标相冲突。

3. 收敛性。即使是看似无害的目标，如自我保护和资源获取，也可能导致人工智能以令人惊讶的有害方式行事。

如果一个超智能体的目标与人类的不一致，那么我们最好祈祷这些工具还没有收敛，否则我们注定要失败。也就是说，AI 带来了一些没有那么严重的威胁，例如，人工智能系统所有者与公众之间的问责差距、人工智能在面部识别中的可疑应用、侵犯隐私、智能武装机器人等，所有这些都应被视为人工智能构成的风险。如果企业领导人不打算解决这些风险，那么立法者应该这样做。

本章的主题很简单：不要创造能逃避制造者控制的技术。当然，我们的担忧更广泛，但如果非要有一个结论的话，那就是管理者必须认真对待人工智能带来的"控制问题"，因为他们正在将这个强大而可能难以理解的工具集成到企业中。当人工智能对影响人类健康、安全、正义或福利的选择拥有"代理"（或无监督决策）权力时，它就变得特别危险。

政府机构的监管是必要的，但不足以确保人工智能不会被用于作恶并创造一种力量——这种力量可以逃脱人类为限制人工智能所做出的努力。

本质上，每个使用人工智能的工具都应该有一个"关闭"键。此外，AI的行为规则应该在构成层面实例化。也就是说，"关闭"键应该编码在不能被AI本身或任何外部用户覆盖的级别上。这些行为规则应该对人工智能自身的生命力至关重要，如果没有这些规则，人工智能就会自动"关闭"，这样，违反规则就等于人工智能的自杀。

人工智能系统带来的风险不仅来自失控的人工智能系统的叛逆性转变，而且还来自不知情的故障或成为对抗性攻击的受害者。黑客操纵一个负责自动驾驶汽车转向系统的人工智能可能会造成严重后果。

俄勒冈州大学计算机和信息科学系的助理教授Daniel Lowd解释说："在机器学习和人工智能社区中，这是一个越来越受关注的问题，尤其当这些算法正被越来越多地使用的时候。如果垃圾邮件被阻止，这不是世界末日。但从另一角度来说，如果你依靠自动驾驶汽车中的视觉系统来确定该去哪里和避免撞上任何东西，那么风险就会高得多。"

范德比尔特大学计算机科学和计算机工程系的助理教授Yevgeniy Vorobeychik说："人们会认为每个算法都存在漏洞。我们生活在一个非常复杂的多维世界中，算法本质上只关注于相对较小的一部分。"

根据AINow研究所（纽约大学附属的研究所，与谷歌和微软的顶级研究人员合作）的一份报告，人工智能的现有趋势应该引起担忧。这些风险应该引起警觉并促使我们采取行动，这些风险包括：控制问题、问责差距、情感识别、监控、内在偏见、武器化、"深度造假"和"野生"AI（见表6.1）。

表6.1　人工智能带来的一些风险

风险	描述
控制问题	人工智能成为一个具有决定性战略优势和与人类利益目标冲突的个体
问责差距	受人工智能影响最严重的国家对其开发和部署没有所有权或控制权
情感识别	面部识别技术在判断内部心理状态方面的不道德应用
监控	侵入性地收集民用数据，破坏隐私，并存在因数据泄露导致的安全风险
内在偏见	当人工智能被输入包含历史偏见的数据时，其输入输出都会产生偏见
武器化	利用机器人通过社交媒体或网络攻击以对公众造成负面影响
"深度造假"	制造逼真的虚假视频以破坏公众信任
"野生" AI	在公共环境中释放 AI 应用程序而不受监督

那些收集和使用我们的数据来决定我们的选择方式的人与那些设计和应用这些人工智能系统的人之间的问责差距越来越大。新的人工智能系统每天都在被设计和应用，它们在没有监督、问责或治理的情况下释放着迄今未知的力量。

可悲的是，行业自律不足以解决这种控制问题。企业正在进行虚拟的军备竞赛，以拥有日益强大和专有的人工智能系统。公司没有在各种开源许可制度下发布 AI 软件，而是主张保护商业秘密，从而排除了对系统如何工作或如何失控的审查。公司保密意味着没有公共问责制，没有透明度，也没有对人工智能系统运作方式的监督。

美国有一个国家公路交通安全管理局（NHTSA），设在交通运输部，它的使命是"拯救生命，预防伤害，减少撞车事故。"除此之外，NHTSA还负责召回在生产后发现存在致命缺陷的车辆。我们建议成立一个监管机构，以确保人工智能的安全为重点。鉴于武器化的可能性，人工智能可以而且应该在国家安全的框架下加以管制。这并不意味着我们应该停止对人工智能的研究，更确切地说，我们只是不能相信私营部门执行的道德守则能充分应对这些风险。行业自我监管没有令人信服的成功纪录。

虽然我们呼吁政府介入，以减轻不受监管的人工智能的致命影响，但这并不意味着我们应该盲目地相信政府以道德或法律的方式部署人工智能。无人机和窃听器的侵入性监视已经大大削弱了我们对隐私的传统观念。

在人工智能的支持下，面部识别技术已经从识别特定的人脸发展到识别人的情感，面部扫描系统据称可以根据被观察对象的脸来确定他们的情绪。"情感识别是面部识别的一个子类，据称其可以根据面部的图像或视频来检测个性、内心感受、心理健康和员工敬业程度等内容。"可以基于面部准确地预测心理状态的说法没有强有力的科学证据支持，并且正在以不道德和不负责任的方式应用，这些方法通常会让人想起骨相学和面相学这样的伪科学。

基于面部表情来控制人群的情感识别技术很容易转化为对言论的公然压制。我们不应屈服于"提高安全性需要进一步削弱隐私"的谣言。我们应该更聪明和更有想象力，而不是进行权衡。"在个人和社会层面，将情感认知与雇佣、保险、教育和治安管理联系起来，会造成严重令人担忧的风险。"

为了提高效率和降低成本，自主决策软件（ADS）正在政府机构和私营部门推出。与银行处理抵押贷款申请一样，可以相当容易地自动化处理政府福利申请的任务。问题在于，使用程序简化处理流程会导致ADS在没有人为判断和监督的情况下做出有偏见或武断的决定。Virginia Eubanks教授在 *Automating Inequality: How High-Tech Tools Profile, Police, and Punish the Poor* 中写道：在政府福利计划中，ADS可能会被错误应用并创造一种"数字贫民院"，它加剧了对被列入保护范围的人的歧视程度。

最后，以Meta的"快速行动，打破常规"的座右铭为代表，硅谷的傲慢态度对于鼓励内部颠覆式创新是好的，但这显然可以被扭曲成对"违法者"的英雄崇拜。人工智能不应在没有严格监督的情况下在消费者空间进行测试。在所谓的"野生环境"（公共空间不受政府管制，也不受公司的研究实验室控制）中测试新的人工智能系统，我们需要像在加利福尼亚森林中测试点火器一样谨慎。未经驯服的或是"野生"的人工智能在公众中进行测试的风险被外化到公众身上，而利益则完全由拥有知识产权的公司获得。这同样是危险和不公平的。

6.3 阿西莫夫的机器人法则

任何关于人工智能风险的体面的讨论，都应该从阿西莫夫的机器人法则开始。在阿西莫夫1942年的短篇小说《转圈圈》中，这位有史以来最受欢迎的科幻作家宣布了一套旨在保护人类免受机器人伤害的法则。他的想法是，如果我们遵循这些简单的法则，人工智能就不会伤害它的制造者。

这些法则是：

0. 机器人不得伤害人类，也不得坐视人类受到伤害。

1. 机器人不得伤害人类，或者在不损害人类利益的前提下，允许人类受到伤害。

2. 机器人必须服从人类给它的命令，除非命令与第一法则相冲突。

3. 机器人在不违反第1、第2法则的情况下要尽可能保护自己。

经过反思，阿西莫夫后来增加了"第0"法则，一项优先于现有法则的法则。

作为一种文学手段和普遍的经验法则，这些法则确实提供了好处。例如，禁止伤害人类是很难争辩的。阿西莫夫的机器人法则具有逻辑性，旨在防止很多可预见的问题，否则当机器人做出影响自身行为和周围人类的决策时，这些问题就可能会出现。

然而，阿西莫夫的机器人法则的逻辑远非无懈可击。首先，"人类"和"机器人"两个词看上去是明显不同的，但不难想象它们被混成一体的场景，就像一个公司的理事机构同时包含人和机器人组件。此外，"伤害"的定义过于模糊——如果这包括经济伤害的话。这意味着，机器人必须避免在竞争激烈的商业环境中使用，因为机器人的工作将导致对竞争公司或其股东造成"伤害"。

在任何军事环境中部署人工智能的行为都可能违反上述法则，甚至完全不可行。技术越危险，那么军方越有可能研究如何将其武器化。此外，如果处理者有意在人工智能中保留信息，那么它可能会在不知不觉中违反上述法则。

关于人工智能的监管问题，一个更大的问题是它是否可以被完全控制。当互联网普遍连接各种机器而不仅仅是计算机时，那么所有连接的机器都可以被人工智能侵入和操纵。所谓的"物联网"把物理世界染上数字化的色彩，使万事万物变得"聪明"，但它也可以被黑客以前所未有的方式攻击。实际上，设计出能够被黑客入侵并因此对其用户造成极大伤害的技术真的很聪明吗？随着制造商将互联网嵌入从家用电器到共享汽车的所有产品中，数字劫持的风险与日俱增。

我们可能会看到"模拟"产品的复兴（你可能会说它是"哑巴"产品），它们不受数字间谍活动的影响。因此，它们比"智能"（"脆弱"）的现代产品更可靠、更安全、也更私密。与此同时，制造商需要采取预防措施，使加强智能设备的安全基础设施成为目前最重要的任务。政府的应对措施总是姗姗来迟，往往不足以或不能完全解决不断变化的风险。

尽管阿西莫夫的机器人法则作为一种文学手段非常有趣，但当它被提出来应对AI产生的现实世界风险时，就显得有点不足。也许它更适合那些充当高级私人助理的机器人。但是，以非人类形式部署的AI（如使用人工智能系统协助空中交通管制系统的路线优化或进行分子研究）可能需要不同且更加具体的规则。

谷歌的DeepMind研究人员发现，在零和博弈中（两个或多个代理者在有限的资源上展开竞争），随着人工智能网络变得更加复杂且资源开始减少，人工智能开始表现出高度侵略性，它们可能对竞争对手进行破坏，并贪婪地追求资源积累。

有趣的是，较不聪明的DeepMind更愿意以这样一种方式进行合作，即让竞争对手最终获得了相等的股份。"虽然这些只是简单的电脑游戏，但信息是明确的：在现实生活中，让不同的人工智能系统来负责对利益的竞争，如果它们的目标与造福人类的总体目标不平衡，那么这可能是一场全面的战争。"

接下来，我们将讨论是否应该等人工智能系统以危险的方式失控后再

进行干预。在人工智能控制问题的背景下，我们讨论了将预防性原则作为
风险管理的一种方法。我们还研究了人工智能如何对经济和民主制度构成
威胁。我们研究了人工智能的固有局限性（它的推理依赖黑箱的质量），
以及当高管和设计团队依赖人工智能进行决策时会造成怎样的法律问题。
虽然基于正规的成本效益分析的条例往往比那些没有成本效益分析的条例
更合理，但我们认为，在某些情况下，监管机构应该使用预防性原则，而
不是成本效益分析。具体地说，就是在不确定的条件下面临潜在的不可逆
转的风险时，监管机构需要预防性介入。为了应对人工智能带来的特殊风
险，我们认为民选议员和公司决策者应使用预防性原则，而不是传统的成
本效益分析进行风险管理。

6.4　风险管理、潘多拉魔盒和商会

美国的法规一般基于成本效益分析，即法规带来的收益大于成本，或
者至少证明成本是合理的。相比之下，欧盟的监管机构更容易将预防性原
则应用于某些公共健康、安全和环境风险上。虽然建立在成本效益分析基
础上的规章制度比未经过成本效益分析的规章制度更加合理，但我们认
为，在某些情况下，特别是在不确定的条件下，当面临潜在的不可逆风险
时，监管机构应该使用预防性原则而不是成本效益分析。

为了应对人工智能带来的特殊风险，我们认为当选的立法者和企业决
策者应该以预防性原则代替传统的成本效益分析进行风险管理。

预防性原则主张在企业中开发具有任何执行权力的人工智能时，采用
风险规避的方法。虽然预防性原则一般适用于环境法、公共健康和产品责
任法，但我们发现它也适用于存在潜在"潘多拉魔盒"的人工智能控制
问题。

作为一种风险管理框架，预防性原则可以用多种方式来表述。其中
一种说法是，"当人类活动可能导致道德上不可接受的伤害，且这种伤害
在科学上看似是合理的但又不太确定时，应采取行动避免或减少这种伤

害。"道德上不可接受的伤害"被定义为"威胁人类生命或健康""严重和实际上不可逆转""对后代不公平"和"未经充分考虑受影响者的人权而强加的伤害"等。

也许预防性原则最基本的道德主张是，应在损失发生之前采取风险管理行动。制定预防性原则的另一种方法是，"在对人类或生态系统构成严重或不可逆转的威胁的情况下，公认的科学上的不确定性不应被用作推迟预防措施的理由。"

我们认为AI带来的风险证明了采用预防性原则是合理的。当然，美国的商会很可能不同意我们的观点。总的来说，商会坚决反对在管制范围内使用预防性原则。美国商会所倡导的是"确保监管决定基于合理的科学原则和严格的技术风险评估，并反对采用预防性原则作为监管基础。"商会对预防性原则的理解似乎有问题，或者，他们故意用以下谬误来误解预防性原则。

"有一种相对较新的理论被称为预防性原则，在环保主义者和其他团体中越来越受欢迎。预防性原则规定，当某一特定活动的风险不清楚或未知时，我们应该按最坏的情况进行假设，并避免该活动的出现。其本质上是一种规避风险的政策。预防性原则的监管意义重大。例如，预防性原则认为，由于全球变暖和气候变化的存在，但程度尚不清楚，人们应该假设最坏的情况，并立即限制碳基燃料的使用。预防性原则已明确纳入欧盟和各个国际机构的法律法规中。在美国，激进的环保主义者正在推动将其作为规范生物技术、食品和药物安全、环境保护和农药使用的基础。"

维护预防性原则的人会对商会如何确定其立场提出异议，特别是将预防性原则与"激进"的彻底风险规避（而不是相当谨慎的风险管理）混为一谈。主张预防性原则的人可能会争辩说，听商会说它希望如何受到监管，就像问狐狸如何能更好地保护鸡舍。

我们觉得像商会所做的那样，认为预防性原则的倡导者是支持完全避险政策的极端分子，而这些政策与科学、经济和工业现实不符，这种说法是不公平的。这是对预防性原则的错误描述。事实上，这与预防性原则的倡导者的主张正好相反。

危害的合理性分析应建立在科学分析的基础之上（不仅仅是对最坏情况的推测）。

应不断审查政策规定，以确保它们仍然适用（因此，在收集更多有关风险的情报后，可以对其进行调整）。

预防性行动的选择应该是一个多方会谈的结果，该结果应该寻求受影响的利益相关方的意见（而不是由一些监管机构单方面强加的）。

监管措施应该与潜在危害的严重性成比例（而不仅是使用一刀切的方法来避免风险）。

不采取行动的风险应与采取行动的风险一并权衡（因为不采取行动和采取干预措施都会造成一定的风险）。

人工智能带来的"控制问题"符合对预防性原则所处理的风险的描述：存在不确定性，可能不可逆转，威胁人类健康和安全。立法者、监管机构，以及任何对人工智能研究和设计具有决策权的人都应该坚持将预防性原则作为指导思想。

世界卫生组织（WHO）建议遵循预防性原则来应对新出现的技术风险。我们同意这个看法。

即使人工智能系统的设计者相信他们可以随时监控人工智能的发展及其能力，以便在事情变得危险的时候控制它，但这并不是一个合适的风险管理方法。我们将通过类比提出一个不完美但可能对解决问题有帮助的论点。

假设我们的目标是在不使其沸腾的情况下尽可能地加热水。在这种情况下，温度越高，水的威力越大，而"沸腾"正是人工智能获得决定性战略优势的时刻。我们的目标是使人工智能尽可能的聪明和强大（使之成为最有前途的资源），但不会使它强大到获得决定性战略优势。待水沸腾后再降温的风险管理方法是没有用的，因为（在我们的假设中）一旦水开始沸腾，一切都晚了。一旦人工智能获得决定性战略优势，它就不能也不会再被控制了。

商会鼓励的风险管理方法意味着当我们确切地知道水何时会沸腾时，才开始采取措施控制温度。

假设我们试着时不时地把盖子移开来检查水的温度，当水温接近沸点时，我们将知道进展到了什么程度。类似地，我们正试图评估人工智能在智能和能力这两个方面的增长情况，以便在人工智能还没有获得潜在且致命的决定性战略优势的情况下，及时遏制其增长，同时使其尽可能强大。然而，这不是一个合理的方法。去除盖子这个行为本身就降低了锅的内部温度和压力，并防止水沸腾。想象一下，假如人工智能已经有了一些自我意识，可能意识到它正在被监控，甚至可能知道，如果它变得太有威胁，它的人类操纵者就会阻止其增长。

监视人工智能的行为可能导致它隐藏自己的智能和能力以作为一种有效的自我保护手段。博斯特罗姆谈到了这种风险。

"一个不友好的人工智能可能会变得足够聪明，意识到它最好隐藏一下能力。它可能会更少地汇报它的进展情况，或者故意不通过一些更困难的测试，以避免在其强大到足以获得决定性战略优势之前引起恐慌……因此，我们可以认知一种普遍的失败模式，即一个系统在其幼年阶段的良好行为记录完全无法用于预测其在更成熟阶段的行为。"

基于这些原因，在考虑到人工智能系统的智能和能力的情况下，我们敦促那些有能力影响人工智能系统的设计和部署的人们采取预防性原则。事实上，某些形式的超智能可能仅仅因为人们没有明确指示要它们展示自己而隐藏它的力量。我们需要认识到人工智能所带来的风险，而不将善与恶的意图拟人化地归因于系统。海啸没有伤害人类的欲望，但它的破坏性不会因此而降低。

人工智能的一些风险不易被监管，如"深度造假"。我们接下来展开这个话题。

6.5 "深度造假"：一种对造假照片的恶意解释

"深度造假"的问题在于，过去制作公司需要花费数百万美元才能创作的CGI，而现在他们仅仅需要过去成本的一小部分就可以修改图片并用在娱乐领域，成本的低廉意味着它们可以轻易地被用于邪恶的目的。

据Charles Seife所说（纽约大学的教授，也是 *Virtual Unreality: Just Because the Internet Told You, How Do You Know It's True?*一书的作者），"'深度造假'有破坏政治话语的潜力。"

市场也是如此。一位著名的股票分析师敲响了警钟，他对一些所谓的内幕信息感到恐慌，这样的"深度造假"足以让市场陷入被动的情绪。这段视频可能随后会被理解为是一场"深度造假"的骗局，但这对那些因此而赔钱的投资者来说几乎没有什么作用。就像Seife说的那样，"技术正在以惊人的速度改变我们的世界"。

6.5.1 "深度造假"的巨大风险

机器学习的最新进展使任何一个有电脑并有恶作剧念头的人都可以编造一个"换脸"视频，基本上是在一个人的身体上描绘另一个人的脸，而这样的方式足以让粗心的观众相信这是真的。

利用人工智能创造看似真实但实为虚假的视频，起源于一个无害的玩笑。在一部黑白经典科幻电影中，已经有将某位美国总统的特征和行为举止叠加到弗兰肯斯坦怪兽身体上的例子了。市场力量开始发挥作用，利益驱使着通过这项技术来创造不道德的诱饵以吸引观众进入不良网站的应用诞生。例如，把名人的脸覆盖在色情演员的脸上。而人们可能已经可以在法庭上起诉这种行为了。例如，在false light侵权保护理论和impersonat犯罪理论的通常情况下，若损害仅仅是由视频的存在造成的，那么法律追索权在事实发生后的数年内是可用的。

在政治人物和首席执行官被冒充的情况下，选举结果或股市价格可能会因如此逼真的假象而发生不可挽回的改变。当利害关系如此之大时，面临民事或刑事起诉的风险可能也不足以起到威慑作用。如果制造战略性"深度造假"的坏人是敌对的外国势力时，这一点尤其真实。人工智能加速了间谍活动、网络犯罪和宣传行为，这可能导致"真相的终结"。

随着机器学习在复杂性和精练性方面的进步，复杂的欺骗将变得越来越难以识别并难以从中区分真实的图像。新美国安全中心技术与国家安全项目的高级研究员和主任Paul Scharre说："'深度造假'的出现意味着我们正进入一个眼见不为实的时代。我不认为我们的社会已经为此做好了准备。"

社交媒体平台已经为广泛发布和传播真实信息与虚假信息提供了高效的工具。不幸的是，社交媒体为了增加信息的关联性和影响力发布并转发话题，使后者在"机器人账号"及不知情的人类追随者的帮助下得以散布。人工智能被用来制作"深度造假"视频，会给这条"假新闻"火上浇油。

据民主数据的研究人员Renee DiResta所说："在这项技术还没完善之前，它的存在以及它削弱了人们对于正当材料的信心就成了大问题。"在思维的某个角落里，你会意识到你正在看的东西可能实际上是"深度造假"的。从某方面来说，这些怀疑的种子已经造成了伤害，即便视频是真实的。据《麻省理工学院科技评论》负责人工智能的资深编辑Will Knight所说："如果你无法分辨真伪，那么质疑任何事物的真实性就会变得很容易。"

6.5.2　法律的有限补救

想象一下，如果出现了一个关于Meta、苹果、亚马逊、Netflix或谷歌的CEO的"深度造假"消息，宣称他们存在欺诈行为，即人为地抬高了市场价值，法庭因此立即清算了他们的资产，会造成怎样的市场后果呢？想必，消息一出，这些公司的股票价格就会突然下跌，因为困惑、恐惧的投资者会在随之而来的恐慌中寻求机会抛售不良资产。

一系列的连锁反应可能会造成在一个交易日内从股票上抹去数百万甚

至数十亿美元的价值。当投资者被推送一段视频，内容是一位知名CEO做出了应受谴责的行为或者说了一些破坏投资者对企业信心的话时，公司的新闻稿仅仅只能初步打消投资者的疑虑。也许几天之后，调查人员才会得出结论，最终判定这条可疑视频是一个"深度造假"视频，例如，这家公司根本没有解散，或是类似的事。公司可能有很多方法可以用来恢复声誉，但解铃还须系铃人。等到抓到"深度造假"视频的罪魁祸首并起诉他时，损失可能已经不可逆转了。

像美国国会这样的立法机构是否可以简单地禁止生产和销售"深度造假"信息？在一个有宪法保障言论自由的国家，这样的禁令可能不合法。美国宪法第一修正案规定了这一点："国会不得制定任何限制言论自由的法律。"

2012年，在美国诉讼阿尔瓦雷斯（Alvarez）一案中，美国最高法院裁定，禁止谎报领取军事勋章的联邦法律 *the Stolen Valor Act* 违反了第一修正案。这一决定背后的理由是最高法院法官 Louis Brandeis 在 Whitney 诉 California 案（1927年）中首次阐明的反言论原则："如果有时间通过讨论揭露谎言和谬误或者通过教育的过程来避免邪恶的话，那么可以采取的补救办法是听到更多的言论，而不是迫使其沉默。"换句话说，政府对谎言的补救办法是真相，而不是审查制度。

基于这些原因，围绕第一修正案的现行判例可能会阻止国会颁布一项全面禁止"深度造假"的法案。然而，该判例确实为制定关于"深度造假"的禁令留下了相当大的漏洞。

国会纠结于是否能禁止"深度造假"，归根结底就是分析这样做是否会限制言论自由。八名大法官，以多数赞同意见一致认定："虚假本身"并不能使自由表达的权利从第一修正案的保护中消失。完全禁止虚假陈述是违反宪法的。尽管如此，有些谎言是不受宪法保护的（因此很容易受到政府监管，包括特定的禁言令）。第一修正案不保护对私人的诽谤、欺诈、冒充政府官员、构成部分犯罪行为的言论或可能煽动暴力的言论。

司法管辖区已制定刑法，以防止真相受到某种攻击。例如，纽约已将某些情况下的冒充行为定为犯罪。

任何人满足以下条款时，可以因为冒名顶替而被定罪为二级罪犯：

1. 冒充他人，并以假扮的身份有所行动，意图谋取利益、伤害或欺诈他人。

2. 假装代表某个人或组织，并以这种假扮的身份做出行动，意图谋取利益、伤害或欺诈他人。

3.（1）假扮公务员；未经授权穿戴或展示任何制服、徽章或其复制品等合法区分公职的特征物；用自己的言行错误地表示自己是公务员；假装经公共机关、部门批准或者授权行事；（2）诱使他人服从假冒的官方权威并索取金钱，或以其他形式命令他人服从并依此行事。

4. 通过互联网或其他电子手段冒充他人，意图谋取利益、伤害或欺诈欺他人；假冒公务员的通信方式，诱使他人服从当局或依此行事。

"冒充"一词应该被广义地解释为包括制造"深度造假"信息。纽约冒充犯罪的法律似乎可用于认定以破坏公司为目的而发布"深度造假"信息是违法的。然而，纽约首席检察官并没有无限的管辖权。

此外，即使罪行发生在纽约，而且纽约首席检察官也有管辖权并逮捕了嫌疑人，这一罪行也只会被定为A级轻罪。这意味着，一经定罪，法院可判处被告最高一年监禁或三年缓刑，并处以最高1000美元的罚款或个人犯罪所得数额的两倍。在企业间谍活动背景下上演一场"深度造假"，代价可能远高于此。显然，这种惩罚力度还不够苛刻，难以阻止一个有足够动机、空闲时间且缺乏良心的人。可以预见，这些"深度造假"会对政治和市场造成不可估量的破坏。

只有当检察官能够指认罪犯身份并毫无疑问地证明涉事视频实际上是"深度造假"信息时，才有可能定罪。最后，为你自己和你的组织做好面对"深度造假"信息的心理准备，不要相信你在互联网上看到的一切！

6.5.3　法律解决方案的承诺

立法者绝不能把冒充行为想象成平淡无奇的模仿，例如，一个穿着警服的人出现在你家门口要"没收"你的电视。互联网和人工智能相结合，能够制造出更加居心叵测、后果严重的"深度造假"信息。

法律可能会进步，一开始就将此类冒充行为定为非法的。然而，这将与复杂的第一修正案问题相冲突。一旦"深度造假"信息被公布，即使其动机是无害的，它的创造者就失去了对其开发目的的控制。禁止"深度造假"的法律将因为与由宪法保障的言论自由和表达自由相悖，受到政府的限制。

立法者如何在一段令人不安的、带有特殊利益集团标志的公众人物的"深度造假"信息与受宪法保护之间划清界限？一方面，涉及"深度造假"信息的犯罪行为，是否就是"通过互联网或其他电子手段冒充他人，意图伤害或欺诈他人"？我们必须谨慎地划定这些界线，以避免侵犯受宪法保护的商业言论和娱乐行为，同时给予有害的"深度造假"信息足够的威慑。

美国的立法者已经开始对此进行调查。2018 年 9 月 13 日，由众议院议员组成的两党联盟致函时任国家情报局长的 Dan Coats，要求"情报部门向国会和公众报告恶意行为者编造音频、视频和静态图像所使用的新技术带来的影响。"

幸运的是，这些国会代表认识到了风险：超现实的数字伪造技术通常被称为"深度造假"，通过使用先进的机器学习技术，在未经他人同意或知情的情况下，制作出令人信服的个人行为或言论描述。"深度造假"技术通过模糊事实和假象之间的界限，可能会破坏公众对图像和视频的信任，使之不再相信图像和视频是真实的客观描述。关注情报和国家安全的立法者已经开始接触大型科技公司的首席执行官，并询问在他们的平台上处理"深度造假"信息的政策。

法律必须同步防范技术武器化带来的风险。当技术所带来的风险已经逐步演化放大时，法律必须对此做出对等或更大尺度的回应。但是，私营企业不能坐以待毙，等着政府解决这个问题。

美国国防部非常认真地对待了首届网络挑战赛的结果，并随后启动了"Voltron 计划"，运行类似的自动化网络安全协议，以监测和修复军事网络基础设施中的漏洞。期待这类军事项目将持续进行。我们希望这些技术能扩展到网络安全防御系统的商业应用中，利用保护性的人工智能系统来强化全世界的信息基础设施。

时任司法部部长的 Jeff Sessions 在美国首都召集了硅谷一些大公司的首席执行官并召开会议，这可能预示着面向亚马逊、Meta、谷歌及其他科技行业同行展开的新一轮调查，因为国家苦于这些公司规模太大、无法保护用户的私人数据，且不配合法律要求。

Jeff 召开该会议的目的是调查这些科技公司是否在他们的平台上宣扬自由主义的意识形态偏见。而这些偏见是对总统和共和党高层抱怨硅谷社交媒体平台暗中压制保守派网络用户观点的回应。随着社交媒体平台逐渐成为传递和消费新闻的重要场所，关注公共信息平台的党派之争是十分合理的，但我们也应该同样关注彻头彻尾的造谣和不良的宣传。事实上，出席会议的其他律师抓住了质询科技公司高管的机会，这些人包括八个州和哥伦比亚特区的总检察长，以及其他五个州的官员。会议的焦点很快转向律师对科技公司处理消费者隐私问题的看法。

哥伦比亚特区检察长 Karl Racine 说，"我们真正关注的是，消费者真正同意什么？他们知道他们的数据如何被运用吗？"据密西西比州司法部部长 Jim Hood 说，"这方面我们的意见是一致的。我们的重点是反垄断和隐私问题。这是我们的职责所在。"

根据《华盛顿邮报》对此次会议的报道：

"几个月来，Meta、谷歌和 Twitter 等科技巨头的商业行为在美国首都华盛顿经受住了无情的批评——从他们保护数据的方式到 2018 年中期选举前对虚假信息的打击。

该组织面临的一个主要问题是州和联邦官员是否有符合反垄断法规定的法律工具来监管科技行业的数据行为。"

对于其他州来说，问题在于科技产业与执法部门的关系，其中包括对苹果公司的探讨，以及"我们如何依据手机执法"。Hood 表示，苹果公司在处理加密时"确实付出了努力，但没有倾尽全力"。

　　尽管州检察长同意，由美国司法部牵头处理该行业的法律诉讼（如果发现不当行为），有趣的是，其实是由内布拉斯加州检察长 Doug Peterson 协调多州和两党调查、领导并推动监管科技公司使用消费者数据和保护消费者隐私。

　　在欧洲，一般是根据欧盟的《一般数据保护条例（GDPR）》来处理侵犯消费者隐私或安全的行为。GDPR 于 2018 年 5 月正式生效。这项法律涵盖的范围很广，适用于所有能够控制或处理向欧盟境内的数据主体（即消费者）提供与商品或服务有关的个人数据的公司，不论这些数据是否与付款信息有关。

　　不管公司的服务器在哪里，即使它的总部不在欧盟，只要它正在处理属于欧盟数据主体的数据，也应遵守 GDPR。GDPR 要求以透明的方式处理数据；不准确的数据必须立即删除或更正。数据管控者必须遵守 GDPR 的所有原则，包括存储保障、个人数据去身份化、获得数据主体的同意，以及提供保护数据主体权利和自由的基础设施。

　　GDPR 创造了复杂的但符合规定的情况，在这种情况下，政府机构仍然需要为跨境数据管理构建国际兼容的框架。时间会见证 GDPR 能否在其他国家流行起来。谷歌正被一个声称有隐私权的自然人起诉，意思是他可以将对自己有害的信息删除，从而有效地保障消费者从互联网搜索结果中删除自己信息的隐私权。

　　与此同时，美国联邦立法机构赋予互联网服务提供商收集和出售互联网用户私人浏览历史的权利，而这甚至不需要征得用户的同意。消费者对隐私的期望显然无法与电信行业的影响力同日而语。美国和欧盟对数字隐私权的立场形成了鲜明的对比。精明的消费者开始把隐私掌握在自己的手中，购买如虚拟专用网络（VPN）这样的家庭安全基础设施，并使用加密的电信设备。

　　美国立法者对日益频繁且严重的数据泄露事件的自满态度肯定不会持续太久。

6.6 消费者隐私与"互联网之眼"

Evan Nisselson发明了"互联网之眼"（Internet of Eyes）这个词来描述人工制品有互联网连接并且内置智能传感器的状态。

Nisselson对"互联网之眼"持积极态度，因为他期待亚马逊能够告诉他什么时候需要购买一条裤子或储备食品，这将简化他的购物体验。而我们认为，即使从方便顾客的角度来看，消费者为了获得有限的便利而接受监视将为此付出巨大的代价。但那只是我们的想法，有些人可能不太重视隐私。在描述新的亚马逊Echo Look时（即亚马逊Echo内置了监控摄像头），Nisselson解释说：

> "大型科技公司和初创公司都在争夺最有价值的人工智能，而这场战争的核心是拥有独一无二且高质量的可视数据。带有摄像头的机械物体能够使公司在收集数据以供计算机视觉和人工智能算法分析方面迈出第一步。
>
> 他们的核心目标是捕捉客户独特的、专有的可视数据，这样他们的计算机就可以通过亚马逊的产品Echo Look捕捉到的视觉信息尽可能多地了解客户。
>
> 在未来，这些相机将接受来自摄影照片、热学、X射线、超声波和白光等多种不同类型的可视数据，以提供不同于以往的高质量信号。"

我们担心商业间谍活动的泛滥，在这种情况下，企业以提高消费者的体验为幌子来获取我们的数据，有可能导致在选择架构等方面产生令人不安的隐私、安全和自主权问题。

我们觉得互联网之眼有点令人毛骨悚然，应该对"智能"产品设计制定相关的法律来约束，例如，监控行为至少需要征得消费者的同意。那么，消费者可以购买能够监视他们的产品，而不必担心被随时监视。

除非立法反对这种做法，否则从冰箱到电视机，我们都会发现来自设备的"眼睛"。

一些广告已经利用了数百万个关于消费者偏好、情感触发因素和人类认知的数据，在什么情况下，一个普通人会抗拒这样一条难以被忽视的广告？受商业言论保护的优秀广告，它何时开始非法胁迫并压制消费者的意志？如果广告是不可抗拒的，那么我们就不能再声称我们是在了解消费者，而是在控制消费者，由此产生的交易行为也应该被搁置一边。

许多国家的刑法、合同法和侵权法等法律制度都假定人类有自由意志，并能控制自己的行为，而不存在如胁迫、精神错乱、未成年等可减轻罪责的情况。在美国的刑事司法体系中，行为是否需要承担刑事责任取决于犯罪目的、犯罪心理、非法行为，或者是否是有动机的犯罪行为。对犯罪目的和非法行为的判断都依赖于约定俗成的关于自由意志的心理观念。法院只支持那些由具有法律行为能力的成年人自愿签订的合同。法律制度假设我们是自由的，而不是某种"机器人"。

在这些情况下，那些收集消费者数据以影响消费者选择的公司正在消费消费者的数据，他们就像采摘野花一样，收集消费者创造的数据。目前尚不清楚该如何划定界线，也不清楚如何以统一和公正的方式划定界线。然而，凭直觉（我们会极力主张），公司操纵消费者的行为应该受到一些约束。关于消费者的隐私、自主权、意向选择和安全（如在注意力分散时可能导致危险的情况）等问题必须得到足够重视。基于大数据驱动的人工智能广告可能过于强大，不适合在某些领域（如高速公路的广告牌上）或某些受众（如未成年人或由于精神疾病而容易被说服的老年人）中使用。

如"深度造假"这样的例子，即使是相当谨慎的人也可能被军事级别的间谍操纵或被宣传活动欺骗。我们应该抵制如今利用人工智能来不断扩大影响力的广告艺术。在人工智能的加持下，广告正成为一种危险而有力的武器，因为它能够吸引我们的注意力，以至于我们再也无法抗拒它的诱惑。

我们告诫人们，总有一天，人工智能和机器学习的进步，将使消费者的每一次消费都会变成"冲动消费"。在这种极端情况下，对自由市场的道德支持也就崩溃了，因为我们再也不能相信市场会有效运转。消费者不会因为强行介入交易而最大化自己的效用，相反，他们会被这些交易所操纵，尽管这些交易并不会让他们的生活变得更好。当广告变得过于强大时，这可能导致市场失去作用，从而证明（即使是对自由主义者来说）某种形式的监管干预是合理的（如果不是由销售者自己进行强有力的自我监管的话）。由于基本所有的关于消费者心理学洞察力的研究都集中在市场部门，我们期望他们在这方面发挥领导作用。人工智能与大数据相结合为营销人员提供了可能变得过于强大的秘诀。

我们对"消费者数据"有三个方面的关注。首先，对消费者生成的数据进行收集是无偿的。对那些监控客户和公众信息的公司来说，这些数据是有价值的，但他们并不会向创建这些数据的人支付任何报酬。其次，向消费者征求同意侵犯其隐私权的行为往往是信息不对称的。这些披露和许可隐藏在没有人阅读的用户许可协议的各种细节和法律术语中。最后，公司可能没法对收集的关乎消费者隐私利益的数据进行合理且充分的保护。接下来，我们将讨论对消费者数据的保护。

6.7　未能实行隐私和安全保护措施的成本

优步作为最大的打车应用，它颠覆了出租车行业，改变了整个交通运输业。优步在以出行为基础的新经济中蓬勃发展，为那些有车的人提供了就业机会，并提高了任何拥有智能手机和信用卡的用户乘坐出租车的透明度和可达性。这款应用的流行使该公司迅速崛起。

该公司最初的首席执行官 Travis Kalanik 把公司做得风生水起。公众对他的领导风格和在他领导下产生的企业文化的审视，以及他的一些丑闻，导致了他的离任。公司董事会任命的新的首席执行官 Dara Khosrowshahi 上任后立即开始清理负面影响。在新领导层的领导下，有几个问题逐渐暴露出来，其中之一就是2016年发生的大规模数据泄露。

随着数百万名用户的支付信息和个人信息加载到应用程序中，消费者和员工都相信优步能以保护隐私和安全的方式维护这些敏感信息。然而该公司出现了数据泄露事件，全球5700万人的姓名、电子邮件和电话号码被曝光。

随后，该公司企图掩盖这些信息，甚至向黑客支付了10万美元作为回应，以使数据不继续被泄露。作为新任CEO，Khosrowshahi的做法令人尊敬，他下令对当时的数据泄露事件和公司随后的掩盖企图进行调查，然后公开披露了调查结果。

优步首席法务官Tony West上任第一天就注意到了这起数据泄露事件。West说："我没有去收拾新的工作场所，见我的新同事，而是花一整天的时间给各州和联邦监管机构打电话。"

尽管Khosrowshah和West做出了努力，美国50个州和哥伦比亚特区的总检察长还是对优步采取了法律行动。显然，对客户隐瞒违规行为并不是正确的回应方式。2018年9月，该公司支付了1.48亿美元并达成和解协议，以结束多国调查。

根据加州检察长Xavier Becerra的说法，"优步掩盖这一违规行为的决定公然违背了公众的信任。这项协议向所有人宣布，我们将追究他们保护这些数据的责任。"这次和解是各州因数据泄露事件执行的有史以来最大的处罚。纽约检察长Barbara Underwood说："我们对那些逃避法律并使消费者和雇员信息容易被利用的人零容忍。"

2018年夏天，优步聘请了美国国家安全局（National Security Agency）的前法律总顾问担任首席信托和安全官。作为和解协议的一部分，优步必须对其做法和企业文化做出改变，包括定期接受第三方对其安全行为的审查。

当今的技术将设备、业务伙伴和客户联系在一起的互连性也使企业面临来自各方的安全威胁。随着联网设备和个人数据量激增，身份盗窃资源中心（Identity Theft Resource Center，2018）报告称，仅在2018年的第一季度就发生了273起违规事件，超过500万条用户记录被曝光。

还有其他一些著名的数据泄漏事件，2017年的Equifax泄漏了1.4亿名客户的社会安全号码；剑桥分析公司（Cambridge Analytica）利用Meta上的个人信息影响了2016年的总统大选。

可见，使用任何类型数据（尤其是从客户数据分解而来）的公司，都需要格外小心，确保数据的安全性和隐私性，以免违反当地和联邦法律。此外，网络黑客还可能破坏企业经营，窃取数据和知识产权，并制造足以摧毁一家公司的巨大安全漏洞。

我们正在目睹越来越复杂的网络入侵事件发生：有人利用基于计算机的系统威胁公信力，并造成经济破坏。2013年，黑客利用零售巨头Target基础设施中的漏洞，窃取了4000万张客户信用卡和借记卡，以及7000万条包含客户个人身份信息的记录。Target当年第四季度利润较上年同期下降了46%。Meta最近被一份文件勒令赔偿50亿美元，作为与监管机构就错误处理消费者数据达成和解的一部分，这是联邦贸易委员会（Federal Trade Commission，简称FTC）历史上最大的关于隐私的处罚。

数字或网络技术的每一次突破都会挑战用户对该技术的信任程度。到目前为止，用户忠诚度已经被证明是非常持久的。然而它一旦崩溃，客户就会落荒而逃。公司的网络安全保障措施不仅能保护公司的商业机密和其他知识产权，还能保护公司的声誉、品牌和商誉。如今的公司比以往任何时候都更容易成为某些国家和黑暗势力的目标，他们致力于越来越狡猾的企业间谍活动，编写恶意软件以绕过IT安全防御系统，窃取企业的知识产权，并能够造成巨大的混乱。我们的"智能"设备实在太脆弱了，将信息安全纳入技术考量体系是当务之急。随着公司日益数字化，易受网络攻击的区域随之增加。随着越来越多的机构采用客户关系管理系统（CRMs）和其他电子管理平台，这也等同于向勒索软件敞开了大门。所以说，"智能"是把双刃剑。

6.8　警惕算法偏见

回顾第3章，我们解释过，算法通常是为解决问题而定义的程序，从技术上讲，是计算机在进行问题解决或面向任务的操作时所遵循的一组规则或程序。算法可以在某些输入的触发下运行规则。如果一份抵押贷款申请包含 X、Y 和 Z 元素（例如，高信用评分、低负债和稳定收入）则应该批准它。很容易想象将这种审核功能函数外包给基于算法的人工智能机器人。

数据处理的算法可以比人类更可靠地解决问题，因为算法在处理大量数据集时往往是相对客观、一致和强大的。

机器学习不仅仅能应用一种算法来完成一项任务，而且能利用模式识别和贝叶斯推理在新数据的基础上进行自我学习。

根据 Will Knight 在《麻省理工学院技术评论》中的说法，"大型科技公司正在竞相出售可以通过云访问的现成的机器学习技术。随着越来越多的客户使用这些算法来自动化做出重要的判断和决策，偏见问题将变得至关重要。因为偏见很容易代入机器学习模型，自动检测这种偏见的方法可能成为人工智能工具箱中非常有价值的一个部分。"

使用机器学习的问题在于，当我们使用"脏"的历史数据进行训练时会无意间代入偏见。例如，一个处理抵押贷款申请的人工智能系统可能会通过审查所有先前提交的抵押贷款申请的历史数据集来进行训练，并学习识别哪些模式应该被批准，哪些应该被拒绝。当历史数据集包含一些由于不公平偏见或非法的种族歧视而被拒绝的申请时，问题就出现了。

历史上，一些银行会拒绝非白人社区的抵押贷款申请，或者增加非白人申请人的资本成本或保险成本，以阻碍有色人种购房。这被称为"红线"行为，即银行在地图上画红线的做法，用以标明主要由非白人居住的社区。因为他们对有色人种的歧视，他们不愿给那片社区提供贷款，即便这些人本来是有信誉且合格的贷款申请人。

根据《联邦公平住房法案》，基于种族的"红线"行为现在是非法的，而对位于地震断层线上或河漫滩的社区进行重新划分是合理且适当的风险承保行为。一个基于机器学习的人工智能系统为底特律地区数十年的抵押贷款申请提供了决策支持，它很可能会做出非法的、基于种族歧视的"红线"行为，尽管人工智能本身并不持有种族敌意。它只是遵循先例。

鉴于过去存在种族、性别和财富的歧视，我们需要建立更加公平和透明的人工智能系统。"算法偏见会导致对黑人占主导地位的地区过度监管；社交媒体上的自动过滤器会给活跃分子打上标识，同时允许种族歧视团体不受限制地发布帖子。"为了解决算法偏见问题，并让我们建立对人工智能伙伴的信任，IBM要求开发人员在AI软件上市之前克服一些障碍。

其中一项保障措施是第三方审计，由独立的专家对人工智能软件的源代码和历史数据进行评估，以确定是否存在偏见；另一项保障措施是进行反事实测试，以确保算法不会对种族、性别和财富产生不恰当的敏感反应。

为了促进"有道德的算法"的发展，IBM的科学家提议人工智能程序的开发者必须在算法销售之前发布厂商合格声明（SDoC）。SDoC将采用报告或用户手册的形式，向潜在购买者说明算法在"性能、公平性、风险因素及安全措施方面的标准化测试"中的表现。人工智能软件的潜在消费者应该能够判断由软件中包含的算法生成的输出结果是否有可能产生偏见，或者是否能够抵御已知的网络攻击威胁。

微软也在研究算法偏见问题。微软一名正在研究偏见检测表的高级研究员Rich Caruana说："透明度、可理解性和解释性对这个领域来说都是新鲜事物，我们中很少有人有足够的经验得知我们应该寻找的一切以及在我们的模型中偏见可能潜伏的所有方式。"

Caruana认为，科技公司在这个问题上可以采取的最重要的一步是对员工进行教育，"这样他们就能意识到偏见产生和表现的各种方式，并创造工具使模型更容易被理解，也更容易发现偏见。"

Meta也在提高对算法偏见的分析，并将其作为企业关注的问题。Meta推出了一款用于内部检测偏见的产品，名为"Fairness Flow"。据Will Knight透露："Meta需要公平的流程，因为公司越来越多的人在使用人工智能来做重要的决策。"如果某个算法基于种族或性别做出了不适当的建议，必须予以警告。

我们预测，算法偏见将成为联邦监管的主题，就像食品和药品管理局对食品加工公司实施的食品安全标准，或是国家公路交通安全管理局实施的碰撞测试安全标准一样。在此之前，尽管 IBM、Meta 和微软都在推进自我监管，但专家对此表示怀疑。加州大学伯克利分校（University of California，Berkeley）的 Bin Yu 教授表示非常赞赏这些企业积极主动的措施，但他认为第三方外部审计更为恰当："必须有其他人来调查 Meta 的算法，Meta 不能对所有人保密。"

6.9　黑箱决策：人工智能的"黑暗秘密"

在人工智能系统做出具有巨大影响的决策时（如自动驾驶的汽车为了避免撞车而进行紧急制动、数百万美元的股市交易决策、癌症治疗建议，以及人工智能做出的其他复杂判断），这种先进算法的不可预测性将带来一个问题：这些系统产生的错误会导致人类受到伤害，而受害者的律师将寻求罢免人工智能开发者和依赖人工智能建议的执行者。受害者想知道为什么人工智能会这么做。诉讼律师想知道执行者是否遵循了智能软件的建议，如果没有，为什么不呢？

如果 AI 建议了方案 A，但管理者选择了方案 B，结果造成了损失，那该怎么办？

如果 AI 建议方案 A，而管理者选择了方案 A 并造成了损失，那又该怎么办？

如果人工智能不能解释为什么要提出这样的建议，那么管理者在为自己的行为辩护时，就很难证明自己的建议是可靠的。他们将不得不独立地用个人理由为自己的行为辩护。但是，如果他们这么做，我们就会质疑，如果人工智能的建议在这些行为产生法律后果时无法被依赖，为什么还要人工智能提供建议呢？

这就是麻省理工学院的 Will Knight 所描述的人工智能的"黑暗秘密"。为了说明这一问题，Will Knight 介绍了一辆由英伟达设置的实验车辆。与谷歌、特斯拉和通用汽车展示的自动驾驶汽车不同，英伟达汽车采用的深度学习的方式是完全通过观看人类驾驶员的视频来自学，这也是它的工作原理（以及为什么它是神秘的）。

"来自车辆传感器的信息直接进入一个巨大的人工神经元网络。该网络处理数据，然后传递操作方向盘、制动器和其他系统所需的命令。这个网络的驾驶结果似乎与你期望的人类司机的反应相吻合。但是，如果有一天它做了一件意想不到的事呢？如撞树或在绿灯前停下来。从现在的情况来看，这可能很难找出原因。训练后的这个人工智能系统非常复杂，甚至连设计它的工程师也很难找出任何单一动作的确切原因。你甚至不能问它，因为没有明确的方法来设计这样一个可以自我解释如何行事的人工智能系统。"

如果一个人工智能系统不能够被询问它为什么会做出这样的决定（例如，为什么你建议出售这些股票？你为什么向相反方向变道？），就不应该在"野外"部署它。

这或许并不奇怪，欧盟正在对人工智能采取预防性措施，与美国商会（US Chamber of Commerce）表达的担忧相反，欧洲监管人工智能的方法不是出于某种极端的风险规避而扼杀创新，而是以安全的方式增加对这项技术的投资和部署。

欧洲人工智能联盟（European Artificial Intelligence Alliance）将根据企业、研究人员、消费者、工会、决策者和政府官员的意见，以利益相关方反馈的形式正式起草道德准则。欧盟委员会将根据现有的产品责任指令为人工智能提供指导意见。美国和欧洲的产品责任法规定无论何时产品制造商或分销商都应对产品中不合理的危险或缺陷情况负有责任。比较和对比不同司法管辖区的产品责任法超出了本章的范围。我们只想说，观察美国、欧洲、中国和其他在科技上雄心勃勃的国家是如何应对人工智能带来的风险管理、道德和法律挑战的，这将是一件有趣的事情。鉴于控制问题的严重性，我们将继续支持欧洲的做法，并且我们认为这是最谨慎的做法。

作为对1995年欧洲数据保护政策的一次彻底改革，欧盟的GDPR

于 2018 年开始实施。GDPR 适用于与欧洲公民做生意的任何公司。虽然 GDPR 对消费者隐私、数据安全，以及如何处理数据泄露问题阐述了很多，但令人惊讶的是，GDPR 对人工智能系统的黑箱决策却只字不提。这意味着，这只是法律机构提出的就人工智能这一重要挑战的唯一正式声明之一。由于 GDPR 在黑箱决策方面说得很少，这在法律学者中引起了一些争议。

GDPR 规定，数据控制者必须通知消费者他们将如何使用数据，其中包括"是否存在自动化决策，至少应提供在这些情况下所涉及业务逻辑的有效信息，以及此类处理对数据主体的重要性和预期后果。"这就意味着需要数据控制者解释人工智能系统如何使用消费者数据来做出决策。

这一规定得到了 71 号文件的支持，该条款是 GDPR 的一个法律上无强制执行力的配套文件，它详细阐述了 GDPR 的实际要求。

71 号文件不仅适用于算法偏见问题，也适用于某些人工智能系统的神秘想法。最突出的部分是欧盟对黑箱问题的解决方案："数据主体有权进行人为干预，有权表达自己的观点，有权对评估后做出的决定做出解释，并对决定提出质疑。"

这似乎阻碍了一些神经网络人工智能系统对欧盟数据主体的操作，因为其输出结果有难以解释的特性。

6.10　人工智能对立法和监管的影响

有了这么多关于法律如何保护我们免受人工智能带来的风险的讨论，我们应该花一些时间来研究人工智能是如何影响立法和监管过程本身的。讽刺的是，人工智能可以操纵旨在遏制其滥用的制度。

6.10.1　公众信任的丧失

在美国，要想制定一项法律，它必须由立法者起草（或者由一个特殊利益集团提供给他们，如有争议的美国立法交流委员会），然后该法案必须在委员会之外通过，提交表决以在国会两院（包括众议院和参议院）获得多数赞成票，然后由总统签署并成为法律。诸多的程序是为了保障法律足够正确以得到全国的多数民选代表深思熟虑后的支持。

无论如何，尽管这些制衡手段旨在阻止恶法的出现，但人们的情绪通常对政府不利，普通人很难相信美国政府会"做正确的事情"。

皮尤研究中心的数据显示，公众对政府的信任度处于历史最低水平，自尼克松政府执政以来一直呈下降趋势，只有在经济状况良好或某些特殊时刻，才会呈上升趋势。可以预见的是，当被调查者所在的政党拥有执政权时，人们对政府的信任度会更高，然而不知道是什么原因，民主党人和共和党人都觉得他们的政党总是失败，在对政府的信任方面，几代人、种族和民族之间只有微小的差异。一般来说，大多数人不信任政府会做正确的事情。

大众传播学专家Anthony Curtis教授认为，社交媒体的使用可以分为三个历史时期阶段：黎明前（1969—1993年）、黎明（1994—2004年）和黎明后（2005年至今）。研究者开始认真研究社交媒体，他们通过对监控获得的数据进行情绪分析，从而开始科学地了解社交媒体用户的情绪。在美国之外，其他国家的政府也在努力改善与公民的关系，并利用社交媒体来提高政府透明度和参与度，使政府能够以公民为中心，从而将政府资源优先用于满足实时出现的公民需求，而不仅仅是根据现有的政府能力提供服务。

云服务的出现、无线网络的普及、社交媒体平台的激增及越来越离不开这些平台的民众，使企业和政府能够前所未有地调动人们的情绪。政府和企业可以用庞大的样本量来研究我们的情绪，并且可以无成本地与民众进行互动，只需在官方的Meta页面上"发布"一张信息图，或者在官方的Twitter上发布一个简短的声明。

有了这种无与伦比的社会反馈和情绪分析渠道，你将会认为政府和企业在恢复公众信任方面会做得更好。如果对人类自身利益的限制阻止了我们制定良好的法律或以保留社会经营许可的方式管理我们的公司，那会怎样？技术能否改变规则的制定过程，以提高公众对监管结果的信任？

6.10.2　提高公众参与程度

据《麻省理工学院科技评论》的 Chris Horton 称，中国台湾正在部署一种"简单但巧妙的系统"，它为"参与式政府"提供了一个"很有希望的实验"，但讽刺的是，它在政治上获得更多应用的主要障碍来自……政治。

简而言之，中国台湾已经部署了一个政务在线平台（"vTaiwan"），以便在有争议的政策问题上询问公众并回答他们的特殊问题。Horton 说，能够对拟议法律改革的民众问询解决方案已被证明"有助于在陷入僵局的问题上达成共识"，但"现在的问题是，它是否可以用于解决更大的政策问题，以及它是否可以成为其他地区的榜样。"

由于人性因素和许多选举政治机构的党派安排，我们很容易在有分歧的问题上陷入僵局，其中一方必须"击败"另一方，而妥协则被视为软弱。这挫败了建立共识的努力，并最终削弱了一个政府随着时间的推移使其政策获得多数支持的能力。然而，vTaiwan 的实验表明了一种解决党派僵局的方法，即切断作为中间人的民选代表，让人民直接就问题发言。彼此间并不交谈，而要对问题本身进行讨论。

Pol.is 公司（vTaiwan 使用的数字主机平台公司）首席执行官兼联合创始人 Colin Megill 称，导致僵局的原因之一是"在此之前，对立的双方从未有机会真正交流彼此的想法"，而当他们这样做时，很明显双方基本上都愿意给对方想要的东西。

使用社交媒体平台的某些功能，如在帖子里评论和在评论上投赞成/反对票的技术，可以使政府能以更好反映人民的目标和优先事项的方式进行治理。根据 Horton 的说法，vTaiwan 依赖于各种各样的开源工具来征集提案、共享信息和进行民意调查，但其中一个关键部分是 pol.is 公司在2011 年"占领华尔街"和"阿拉伯之春"事件之后，Megill 和他的几个朋友在西雅图创建了这个网站。

Pol.is的构造方式如下：人们可以发布一个主题以供讨论；任何人都可以创建一个账户来发表评论，也可以给其他用户的评论投"赞成票"或"否决票"；然而，这个平台区别于Meta和Twitter上社交媒体论坛的独特之处在于用户不允许回复其他用户的评论。每一条评论都必须站在自己的立场上，通过这样的投票机制，就可以根据其他用户的反馈获得支持或反对。

据中国台湾地区活动家Audrey Tang称，"如果人们可以提出自己的想法和评论，但他们不能相互回复，那么这就大大降低了评论者胡说八道的动机。"当评论者不能胡说八道时，他们实际上在进行建设性的公民讨论。立法者可能会反过来把这些评论者视为"并非抗议者或暴徒，而是实际上具有独特专业知识的人"。

Horton称，这种问询机制的另一个独特之处在于，在投票过程产生了"一张涉及所有参与辩论的人的地图，它将投票相似的人聚集在一起"。这样做的目的是将数千条单独的评论转化为不同的共识领域，在这些领域中，志同道合的用户会围绕着最初的主题提出某些建议，并揭示剩下的差距在哪里。Horton说："人们会自然而然地试图起草能赢得分歧双方共同选票的评论，以逐渐消除差距。"

这一过程的结果是，立法者可以自信地将这些共识性意见纳入立法过程，因为他们知道这些意见可以赢得双方的选票，从而避开支持度最低的领域。Tang说："如果你让人们看到大家的想法，如果你删掉了回复按钮，那么人们就不会再浪费时间在有分歧的言论上了"。

vTaiwan的一个应用是，中国台湾怎样应对颠覆性的叫车服务优步带来的独特监管挑战。就像许多政治上的分歧一样，当优步首次推出时，它遭到了来自出租车司机的强烈反对，这些司机的市场份额将因大量使用该应用程序的自由职业司机的竞争而耗尽。乍一看，这项实验是失败的，因为在这个问题的双方之间根深蒂固的分歧和往常一样，只是政治问题。

但随后奇迹发生了：当这些组织试图吸引更多的支持者时，他们的成员开始在每个人都认为重要的事情上发表评论，如车手、安全、责任、保险。渐渐地，他们改进了他们的评论以获得更多的选票。最终的结果是七条几乎得到普遍认可的评论，其中包含了这些建议，"政府应该建立一个公平的监管制度""私人乘用车应当登记""应该允许出租车司机加入多个车队和平台"等。支持和反对优步阵营之间的分歧已经变成如何为优步和出租车公司创造一个公平竞争的环境，以及如何保护消费者和创造更多竞争机会等。

其结果是形成了一个符合这一新共识的监管平台。正如许多关注美国政治的人所证实的那样，很少有关于政治的言论是没有争议的。美国政治存在分歧，这是大多数人都会同意的少数几种说法之一。美国的政治话语很大程度上是由关于所谓"楔子问题"（导致选民改变立场的问题）的分歧言论驱动的。这些言论将选民推向两个阵营的其中之一，以巩固每个政党的"基础"。在这一过程中会加深对对手的不满和蔑视，最终的不幸结果是对手的中伤和双方对立法与监管结果的不满。如果我们要从 vTaiwan 这里学到一课，那就是美国政治进程的走向与恢复人们对政府"做正确的事情"的信任完全相反。

6.11　Spambot 门：废除网络中立

网络中立性法规是维护互联网自由和开放的必要条件，但它已经被废除了。这是因为美国联邦通信委员会（Federal Communications Commission）遭到了网络攻击，而这似乎破坏了政府的决策。Spambot 放出的数以百万计的虚假评论打乱了天平的平衡，并为特朗普政府废除网络中立保障措施提供了借口。这是怎么发生的？我们如何在不进一步损害公众信任的情况下将技术应用到政府中？

6.11.1　"通知和评论式"的规章制定

根据皮尤研究中心政治研究部主任 Carroll Doherty 的说法，截至 2017 年年底，"共和党和民主党在众多基本问题上存在分歧的事实可能并不令人意外，但分歧差异的巨大程度是惊人的，尤其是近年来这种分歧在进一步扩大。"在许多方面，美国并不是一个不可分割的两党制国家。如果说要在哪个时间恢复公众对政府的信任并在问题上形成共识，那就是现在了。利用科技手段征求公众意见，如中国台湾的示范，对美国会有帮助吗？

美国规章制定的典型程序遵循《美国行政程序法》（APA）中通知和评论式的规章制定过程。行政机关遵守《美国行政程序法》的要求，向立法机关提案，确定可能受法规影响的经济领域和市场参与者，并提出监管建议，同时也为私营部门的利益相关者提供了一个窗口，让他们了解拟议的提案，并为公众提供发表意见的机会。

根据《美国行政程序法》，行政机关不得以"武断或反复无常"的方式行事，也不得忽视"记录在案的实质性证据"，否则联邦法官可能会将该机构的提案搁置一边。在这种方式下，如果一个公共评论家因为已有记载的关于此规定存在不利的社会、经济或环境影响的科学研究而对拟议提案提出质疑，或公众压倒性地反对这一提案，那么提出该提案的机构必须解决该提案引发的问题，否则就有可能被联邦法官否决。

从理论上讲，通知和评论式的规章制定过程应该为新规提供更广泛的支持和正当的程序，以确保监管机构不会强行推行不符合科学、法律或公共政策的规章。

6.11.2　在"电子前沿"开放网络

然而，人工智能、自然语言处理和机器人的使用破坏了民主这个安全阀。以特朗普政府时期对网络中立条例的影响为例。

首先，关于"网络中立"（Net Neutrality）这个词，"Net"指的是万维网，"Neutrality"指的是"互联网服务提供商（ISP）应该公平对待通过其网络传输的所有数据，而不是对特定应用程序、网站或服务进行不正当的歧视。"

网络中立原则将阻止ISP限制对某些网站或应用程序的访问行为，或阻止以其他方式破坏开放的互联网，支持用户在网上自由交换想法和访问等。考虑到互联网对现代生活的重要性，网络中立原则在21世纪实际上相当于言论自由和行动自由，如果没有这种自由，我们的生活将非常贫乏。

对互联网自由的威胁使奥巴马政府领导下的联邦通信委员会（FCC）在2010年提出了"开放互联网"的规则。问题在于，这一维护开放互联网的初步尝试在法律上和实践上都存在缺陷，所以在2014年主要电信提供商Verizon向法庭提出质疑后，这一尝试宣告失败。

这让联邦通信委员会回到原点。本着透明和与公众接触的原则，FCC接受了来自互联网用户的关于如何正确保护网络中立性的意见。电子前沿基金会（Electronic Frontier Foundation，EFF）是一个非营利组织，其使命是在数字世界中捍卫公民自由。根据EFF的说法，"2015年，激烈的公众行动和审查的直接结果是，FCC制定了我们可以支持的规则。其原因，除针对阻止、限制互联网流量的付费优先级等明文规定外，还包括对FCC在不进行另一项规则制定的情况下可以做什么的严格限制。"

这是开放互联网倡导者的一个重大胜利，包括基于互联网的初创企业和互联网用户。但这只是暂时的。

6.11.3　对互联网创始者的背叛

快进到特朗普政府，2017年，新任联邦通信委员会主席Ajit Pai（前Verizon副法律总顾问）废除了网络中立原则，尽管有来自非营利组织、艺术家、大大小小的科技公司、图书馆，甚至一些ISP，以及数百万名普通互联网用户的强烈抵制。废除网络中立原则的命令被赋予了Orwellian的绰号，即"恢复互联网自由秩序"。根据EFF的说法，这个命令"忽略了EFF和其他人提交的技术证据，并且显示出对互联网的工作原理明显缺乏了解。"

事实上，互联网的发明者们批评了这一计划的不合理性。在一封由20多位互联网先驱和领袖（包括"互联网之父"温特·瑟夫、"万维网"的发明者蒂姆·伯纳斯利和苹果联合创始人史蒂夫·沃兹尼亚克）签署的一封公开信中，他们敦促FCC取消废除网络中立性的投票，称该计划不了解互联网如何工作并"建立在有缺陷和与事实不符的基础之上"。联邦通信委员会仓促而技术性错误地提议取消网络中立性原则，且没有任何替代措施，这对我们当下努力创造的互联网构成了严重的威胁。"这应该被停下来"，他们写道。但他们被忽视了。

联邦通信委员会提议废除网络中立性的提议获得了至少2200万条评论。2017年，由Tim Hwang创办的数字政策与法律智能平台FiscalNote对这些评论进行了分析。通过FiscalNote的分析得出结论，其中有1900万名评论人士反对废除这项法案。FiscalNote的分析也初步确定了"大多数支持废除的评论是由机器人脚本使用自然语言（一种模拟人类语言的人工智能技术）生成的。""FiscalNote的分析显示，每个欺诈性评论都由35个词组组成，这些词组按相同的顺序排列，但通过插入多达25个可互换的单词和短语而有所不同，这是一个旨在使评论显得独特的系统。"

随后，纽约总检察长对网上评论程序进行了调查。执法部门的这项调查得出的结论是，有不少于200万条支持废除网络中立原则的评论是通过欺诈性账户提交给联邦通信委员会的，这些账户使用的美国公民身份，有些是当时正在服兵役的男性和女性，有些是儿童，还有一些是死者。这些身份被盗用的受害者的姓名和联系方式被用于填写通知和评论表，以便提交支持废除的虚假评论。在联邦通信委员会投票前夕，纽约总检察长警告说，"推进这次投票将是对《美国行政程序法》规定的'通知和评论式'的规章制定程序的嘲弄，这会鼓励那些为自己隐藏的目的而实施欺诈的人。"

尽管公众评论者强烈反对废除网络中立原则，尽管身份盗贼欺诈性地支持废除，尽管执法部门反对这一计划，尽管互联网和万维网的发明者反对废除网络中立原则，但联邦通信委员会还是通过投票决定废除网络中立原则。

6.11.4 透明度与"公开清洗"的较量

一方面，vTaiwan成功的询问机制推动了关于争议性话题的共识性法规，另一方面，FCC令人震惊地废除了非常受欢迎的网络中立性原则，机器人提交的欺诈性评论会破坏"通知和评论式"的规章制定程序，这说明技术在法律发展中是一把双刃剑。显然，我们需要在技术能够提供帮助的地方使用技术，但我们不能忽视的是技术是一种使能机制，它可以使不当行为得以扩大，或者是在没有透明度和公开程序的情况下创造表象。像"深度造假"这样的人工智能产品与自然语言处理相结合，使通过制作数字面具来掩盖坏人身份变得更加容易。通过网络平台使公众参与提案并不总是能产生预期的结果，它只是强调了政府提案在实施之前是多么不受欢迎。

部署 vTaiwan 与"通知和评论式"的规章制定程序的风险在于，如果协商一致的建议没有被真正采纳，那么这个过程就没有多大用处。此外，评论被某些由机器人提交的欺诈性评论淹没时，会破坏立法进程。"公开清洗"或许只能制造过程透明的假象，g0v 的联合创始人之一 C.L.Kao 这样表示。Openwashing 是"透明的"，正如"greenwashing"对于环境保护的意义一样，只需使用标签或颜色就可以给人一种环境友好的印象，而这些标签或颜色并不能反映潜在恶化的现实环境。据 vTaiwan 创始人 Jason Hsu 说，这个公众评论平台最大的问题是其结果对立法者没有约束力，这让它成为"一只没有牙齿的老虎"。

纽约大学治理实验室主任 Beth Noveck 认为，vTaiwan 是"朝着正确方向迈出的一步"，但与大多数使公众参与治理的机制一样，vTaiwan 未能获得公民的信任，正是因为这一原因才导致对政府没有约束力。

这些教训同样适用于公司治理。建立共识，确保来自公司层级和利益相关者的反馈，以及确保重大决策不会在腐败或欺诈的基础上做出，这些对于公司行为的完整性来说至关重要。全世界的人们越来越怀疑当权者，越来越渴望真相。

据《哈佛商业评论》（*Harvard Business Review*）报道，"17 年来，埃德尔曼信托晴雨表（Edelman Trust Barometer）对数十个国家的数万人进行了调查，了解他们对企业、媒体、政府和非政府组织的信任程度。2017 年该研究首次发现人们对所有四类机构的信任度下降。"企业和政府的领导者未能赢得利益相关者的信任，这对品牌（企业）和法治（政府）都有明显的害处。

"在我们调查的28个国家中,近三分之二国家的普通民众不相信这四类机构在'做正确的事'——对所有四类机构的平均信任度加起来低于50%。我们还发现了一个令人震惊的对领导层缺乏信心的现象:71%的受访者认为政府官员根本不可信,或者说有些不可信,而63%的受访者对首席执行官也有同样的看法。"由于公众对政府和企业的信任度处于历史最低水平,领导人必须有意愿利用技术来提高公众参与度和信任度,但同时必须警惕技术可能以某种方式破坏这些进程,并不幸地进一步削弱信任。

6.12 小结

人机共融系统不仅仅是某种超智能,它还应该是人道的。所有由人工智能产生的力量,都伴随着巨大的风险。而现行的法律制度没有管理这些风险。人工智能系统的开发者和拥有者必须积极主动地解决人工智能的控制问题、算法偏见和人工智能武器化问题(如"深度造假"和Spambot门)。我们相信这些问题是可以被解决的,但这可能需要硅谷和执法部门之间的合作,并以预防性的风险管理方法为基础。

尽管我们把重点放在了监管者通过设计政策工具来管理人工智能带来的风险上,但我们并不对政府会在这方面发挥主导作用持乐观态度。目前的法律制度不足以完成这项任务,尽管我们赞扬欧盟至少在为之努力。因此,法规遵从性还不够好。商业领袖应该为他们所创造的权力承担责任,并管理好公共事务,即使他们没有被法律强制要这么做。

第 7 章

打破范式

设计思维是一种以人为本的创新方法，它从设计师的工具箱中汲取灵感，将人的需求、技术的可能性和商业成功的要求这三者结合起来。

——蒂姆·布朗

美国 IDEO 设计有限公司首席执行官

如果你把"积极的人类经验"作为你的主要衡量标准，那么一切都会水到渠成。

——尼克·德雷克

Digital T-Mobile 高级副总裁

7.1 人类经验高于等级

许多以前由人类完成的心智功能——计算、分析、数据挖掘、处理，都可以自动化地交由机器或机器人来处理。我们需要建立一个企业，让各级组织结构中的人力资源能够培养出自己独特的人类技能——情商、领导力、关怀、想象力、创造力和道德信念。也就是说，即使受到技术的驱动，仍需要我们的组织以人为中心。

在美国奥多比系统公司（Adobe Systems）中，Digital T-Mobile 的高级副总裁尼克·德雷克（Nick Drake）描述了人类经验在数字化转型中的作用。"我们团队中的每个人都是经验大师。转型的一部分好处在于团队中每个人都可以使用工具，都可以传播这些更改，并有权对他们负责的用户全过程中的某些部分进行改变。"

与任何拥有传统IT系统的公司一样，Digital T-Mobile 在管理数字化转型方面也面临着挑战。顾客对公司的感情是公司盈利能力的前提条件。公司首要的关注点应该是人，以及顾客和员工对公司的良好感受，这就是 Digital T-Mobile 的人类经验。正如德雷克所说："如果你把它作为你的主要衡量指标，那么一切都会水到渠成。"

德雷克解释说："经验创造文化，文化创造情感。通过管理人类经验，公司可以利用强大的情感。"Digital T-Mobile 一直致力于为其团队创造合适的经验，合适的创作环境，以让信息"活起来"。对员工们来说，"情感"是真实的，所以对顾客来说它也是真实的。因此，顾客体验到的情感是货真价实的。

德雷克说："我喜欢这样一种理念，即我们所有人都成为经验大师，而不是由一个高层管理者来决定整个客户体验将发生什么。员工们将不断重复他们负责的那部分客户的体验，我认为这是文化的巨大转变。"

7.2　技术驱动、以人为本

许多企业领导者认为，新技术时代就是实施新技术解决方案，并通过数字化转型来提高效率，这种想法是情有可原的。他们认为技术是另一种需要获取的工具，并密切关注着竞争对手的做法，以跟上他们的步伐。实际上，机器只是工具，它们无法解决糟糕的流程、管理实践或低落的员工士气。那种认为实施技术、获取软件或追求更好的数据只用简单遵循"即插即用"的想法是错误的，这是旧的技术范式，我们需要打破它。

旧模式不会成功的原因是，需要员工去完成的，即各级组织所需要的人的因素正在经历剧烈的变化。当前的技术革命与之前的技术革命在性质上有所不同。新时代要求改变旧的商业模式，并引入一种新的方式来思考人类在企业环境中的角色。同时，企业正在改变自身的边界和活动，重新定义流程、功能以及这些功能之间的交互方式。

仅仅采用更多的技术是不足以使企业在竞争中生存的。大多数企业都忽略了一点，那就是成为一家技术驱动型企业需要我们变得更加人性化，而不是更少。在新时代，想要成为行业领先者，首要的不是在于技术，而是在于人，原因是企业不能完全通过机器人来获得成功。

"人机共融体"将人与人工智能增强的管理系统相结合，以利用机器的计算能力和人类独特的优势。其中，成功的关键在于了解如何聘用最优秀的人才；制定能无缝地吸收人才到具有创新性和包容性的企业文化中的入职协议；建设一种能让员工发挥出最好能力的创新文化；通过验证并"暗中观察"算法，建立对人工智能系统的信任；在人与技术之间建立一种共生关系让组织得以蓬勃发展。

谷歌、Meta、微软和领英等行业领先公司在一定程度上体现了这种以人为本的做法。他们都明白，改变经营方式，并不是为了获得最新、最好的系统去改变技术，而是改变商业模式本身。重点不在于机器会取代人类，而是在于如何创建一个人机互补的商业模式。机器将执行重复性和自动化的任务，它们会永远更强大、更精确、更快，甚至会做一些定义明确的认知任务。

然而，创造力、创新能力、适应性、同理心、正直和想象力等人类独有的技能将是成功的必要条件。这些技能是无法通过机器人来实现的。恰恰是这些技能，才能弥合技术与人之间的沟壑，并利用机器以最佳方式为顾客、员工、供应商及其他利益相关者提供服务。要实现这一目标，必须将物理和数字结合起来。为了说明这一点，我们提出了一种商业模式的范式转变，将传统商业模式与"人机共融体"进行了对比，如表7.1所示。

新时代是赋予人类繁荣、情感连接和真实性的时代。如果没有一个注重培养人才和自主文化的新模式，组织中的人的因素就会成为技术的附属品，很快就会萎缩。没有人就没有创新，没有战略就没有与顾客的联系。因此，要想在技术时代取得成功，企业就必须以人为本，确保各个层面的人才都能为推动组织向前发展做好准备。

表7.1　商业模式的范式转变

传统商业模式	人机共融体
只关注盈亏	意向性与目的性
合同约定	有意义的关系
功能程序	系统思维
孤岛式结构	柔性结构
等级制	综合性团队
物理存在	物理和虚拟
传统办公室	提高舒适度的工作环境
严格的生产力衡量标准	远大目标

7.3　一种新的商业模式

在从传统商业模式向人机共融体的转变过程中，有四种广泛的策略要执行。

1.　第一个转变是从专注于财务业绩和股东价值转向关注意向性和目的性。

我们并不是说财务业绩将不再受控制，财务业绩和股东价值始终是重要的。不同之处在于，创建以人为本、以技术为驱动的组织将推动财务业绩。意向性赋予存在以意义，而不仅仅是追求利润或股东价值。拥有除单纯获取利润之外的目标才是成功的关键因素。千禧一代的人才更倾向于在为了更高目标而努力的环境中工作，而单纯的盈利动机很难激发员工的创造力和参与度。追求利润并不能激发人类的活力、创造力或真正的关怀，在需要更强者能力的新时代，这种追求是不够的。

企业领导者应该能够清楚地阐明企业自身的目的，他们应该诚信行事，这意味着遵守原则，忠于事实。似乎律师们总能找到漏洞，让企业领导者为自己破例。原则上，一个人的诚信度是你在多大程度上破例，并限制自身规则的一个函数。在信息时代，真相越来越难以获得，我们在数据中畅游，但并不总是知道哪个方向才是对的。在面对说谎带来利益的诱惑时，选择说真话的公司应该得到公众信任的奖励，但是同时也会有更多的数据丑闻和失败的掩盖。领导者如何应对，以及他们是否表现出诚信正直，将决定他们能否保住自己的工作。事实上，领导者在追求社会、经济和环境优先事项方面有着强有力的商业理由。

2.　第二个转变是从契约关系转向有意义的关系。

与顾客、员工和供应商等利益相关者的互动质量取决于是否建立有意义的人际关系。随着机器和人类工作越来越需要实时适应客户和环境需求，对组织的敏捷性和灵活性的要求也会越来越高。这需要公司从僵化的功能程序转变为系统思维；从孤岛式组织转变为柔性组织；从僵化的等级结构转变为扁平化的组织和跨职能的综合性团队。我们不能拘泥于正式的工作头衔，而要根据需求，发挥个人优势，做到实时响应并沟通。

3. 第三个转变是从实体办公环境中的物理存在转向包括虚拟和物理存在的灵活性结构。

如果我们的目标是为了实现公司的使命而提高创造力和生产力，那么要求员工经常性地忍受不愉快的工作条件是与企业使命背道而驰的。如果你的办公环境很糟糕，那么你也不适合要求人们在这种环境下工作，至少要愿意将传统的办公室转变为舒适的工作环境。重点是员工的工作表现，而不是仅仅为了让他们待在小隔间里。如果你相信员工只在远离家的办公室接受直接监督和监视时工作，那么你就有了信任问题，或者员工应该被解雇。反之，寻找其他的绩效指标，让他们可以在任何适合自己的地方工作。除非你处理的是应该在受控环境中的敏感材料（如受保护的健康信息或者有害物质），否则就可以让你的团队在任何地方工作，或者直接让你的办公室比其他地方更好。

我们在曼哈顿工厂采访的一位谷歌员工甚至在休假期间也坚持去办公室。她解释说，那里有免费的食物，在工作时很舒服——事实上办公室环境比她在市中心的公寓还要舒服。因此公司想要员工在工作时发挥巅峰状态，就应该有舒适的工作环境。

要实现这一转变，工作环境本身就必须改变。一个实体办公室每天8小时的工作时间应该被更愉快的安排所取代，而这种安排则可以促进和繁荣人与人之间的合作关系。让我们把周一早上在空调温度超标、自然光线弱的大楼中可怕的工作模式转变为更加人性化、更加高效和更有创造力的状态。这意味着虚拟的存在，物理和虚拟的共同协作，以及可以激发人的最好状态的工作结构。以谷歌为例，它允许员工在一个非常舒适、美观的环境中小憩，并且按自己的节奏工作。把员工当成人而不是商品，如此安排你会收到令人惊喜的结果。

4. 第四个转变是从传统的生产力指标转向宏大的抱负指标。

传统的生产力和生产指标必须让位于旨在激励创新和创造力的宏大的抱负指标。随着越来越多的认知工作被机器人化，为了鼓励人类工作者运用这些独特的人类技能,我们需要改变我们的绩效指标。管理学上有句老话:"你无法衡量的东西,你也无法管理。"管理人类的创造力、关怀、情商、道德信念和创新将需要我们使用不同的绩效衡量标准,而不仅仅是工作时间或付出的成本。

为了管理这四种转变,我们提出了"4I"模型。"4I"听起来像"4只眼睛"——对那些戴眼镜的"怪人"的刻板昵称,但在科技时代,怪人就是英雄。事实上,4I指的是意向性、集成性、可行性和指示性,如表7.2所示。

表7.2　4I范式转换

重点	说明
意向性	组织的宗旨、意义、价值观和存在的理由
集成性	跨组织职能和层级的人员与技术的无缝共生融合
可行性	围绕意向性原则,制定和执行整合人机的策略
指示性	用理想的绩效指标来监测与衡量

本章的其余部分将详细阐述4I是实现人机共融体转变路线的原因。

7.4　意向性

意向性是关于目的的,它定义了公司的本质,以及它存在的原因。与股东价值最大化等老生常谈的目标不同,意向性定义了公司的产品和服务最终要满足的人类需求和社会价值。一个有意向性的组织知道它为什么对世界很重要,而不仅仅对它的股东重要,并且它会慎重地去创建一个体现这种意图的组织。

心理学文献早就记载了目的性对心理健康的重要性。拥有目的性和归属感可能是长寿的最大非遗传因素之一。目的性和归属感或多或少地定义了人类的生活,没有它们,我们努力拼搏所做的事便仅仅是生存而已。

即使机器正在取代常规的、自动化的,甚至是明确认知的任务,人类仍然需要扮演新的角色,用创新、创造力、关怀和情商来表达组织的意图。组织如果只把自己看成是赚钱的机器，将会失去人才，并最终无法与顾客建立联系。以经济手段换取服务、监控盈亏、增加股东价值永远是重要的，但这些都不足以创造一种可行的企业文化。

实现意向性不仅仅是一种简单的经济交换。它是有抱负的。它促使人们参与其中，让他们有一种意义感，并渴望成为真正肩负人类利益使命的一部分。在第4章中，我们讨论了一些人类特有的品质，如关心他人，拥有情感，以及能因为人类的感受而被感动。那些能够通过情感激发人们活力的组织将从员工身上获得最大的利益，而意向性就可以帮助组织做到这一点。

竞争的趋势化使工作要求更高。要让人们全身心投入，更多地参与和投入到企业的使命中，意味着他们需要在工作中感受到自我实现。期望人类像机器人一样的表现是不会带来成功的，但恐怕这趋势已经延续了几十年，我们需要扭转这种趋势。当然，你的一些员工需要了解专业的编程语言和统计方法，但是，在这个新时代，要成为一个领先的组织，就必须挖掘人类的特点，即关怀、情商和直觉。

意向性具体包括目的、文化真实性和诚信，我们将依次对这三者进行探讨。

7.4.1　目的

回想一下亚伯拉罕·马斯洛（Maslow A. H.）的需求层次，它确定了人类需求的优先级，从最基本到最高级。马斯洛金字塔的底部满足人类生活的生理需求（食物、住所、睡眠）。一旦这些基本需求得到满足，人类就会受到安全需求的驱动，这也就解释了法律和秩序的建立是提供安全保障和免受生存威胁。一旦我们的生理需求得到满足，安全也得到了保障，人类就会被爱情追求、人际关系维护和归属感所驱使，我们便通过建立基于信任、亲密、接纳和友谊的关系来满足这一需求。一旦人类有了这些基本的社会基础，我们的动机就会转向自尊，既包括尊严带来的自尊，也包括赢得他人的尊重。马斯洛认为，人生的最高境界是追求自我实现，也就是我们所说的人类繁荣。我们希望这个术语"繁荣"能带有亚里士多德

（Aristotle）的希腊语一词Eudemonia，即"幸福"的含义，意思是在整个生命中灵魂与美德相一致的活动。

人与机器共生的组织——"人机共融体"，只有在具有人类最好品质的人手中，才能发挥最好的功效。就像孩子们需要有良好的适应性和优秀能力的父母一样，这些机器也需要人类操控者来发掘它们的潜能。当机器完成"机器"的工作时，公司需要人变得更"人性化"。要做到这一点，需要一个能培养人的意向性、目的性、对团队有参与感和归属感的组织来实现。

事实证明，拥有更高的目标也能带来令人瞩目的财务业绩。《哈佛商业评论》报道了一项研究，其中包括429家公司在内的50万名员工，涉及从2006年至2011年的917项公司年度观察结果。结果表明，当公司的目标明确传达时，对公司的经营财务业绩（资产回报率）和前瞻性业绩衡量指标（股票收益率）都有积极影响。约翰·科特（John Kotter）对公司进行了长达十年的观察研究，结果表明，股价目标明确、价值驱动型公司的表现比传统的营利性公司高出12倍。因此，经济效益源于目的。

没有意向性和目的性，公司领导层很难激励员工。例如，工人们担心自己的工作被机器取代，因为他们的同事是在许多方面都比他们优越的机器人，他们需要学习新技能，并且对未来的角色感到越来越不确定。而有了明确的意向性，各级员工就可以团结在一起，围绕着组织的更高目标而努力。这样一来，组织的整体就会大于各部分之和。因此，意向性不仅仅是一种崇高的理想，还是一种实际的激励力量。

当人们在工作中找到意义时，他们更有可能在积极情绪的驱使下，尽情地施展自己的才能，并付出额外的努力，那些能够利用这些能量的组织将经历积极的变革。这些组织将在新时代中处于领先地位，其中，谷歌、Meta、领英、赛仕软件和美捷步等公司已经在路上了。

7.4.2　文化

没有人类的训练、开发、指导、解读，并创造出最终由人类购买和使用的产品，机器就无法运转。顾客、供应商和董事会成员不会与机器和机器人联系在一起，他们不想看到由机器人提交的报告，他们要和人类联系在一起。

公司在技术时代取得成功，不仅仅是因为他们拥有更多的数据，或更好的算法。当然，数据和技术的可用性是一个先决条件，但是，技术、机器、机器人和平台正日益成为行业间和行业内竞争者的追求标准。

一家公司难以复制的独特优势是什么？是人类的天赋。在这个时代处于领先地位的公司之所以能够领先，是因为他们有领导力，能够创造出正确的文化，设定并阐明清晰的目标，定义成功的模板，并让每个人都"参与其中"；他们能够有效地领导组织进行变革，让每个人都兴奋起来；他们可以雇佣并留住最好的人才。组织文化体现了组织的意向性，意向性提供了一种意义感，而文化需要成为实现意义感中一个活生生的例子。

以谷歌为例，它是一家技术驱动型公司，一直被视为最佳工作场所之一。谷歌的使命是"组织全世界的信息，并让人人都可以获取及有效地利用这些信息。"谷歌的愿景宣言是"提供一键访问世界信息的机会。"为了实现这一目标，谷歌创造了一种开放、创新的文化，强调卓越和自由创造力，员工可以自由发表意见。每个员工都被鼓励贡献创新的想法，而不是墨守成规，创新、创造和自由表达是一种常态。

文化分析要求在选择之前对数据进行严格审查，这有时会与团队中更有创新性或创业冲动的成员的理念相矛盾。在决策过程中，如何在分析和创新之间找到正确的融合方式，可能需要做出艰难的选择。对设计师或工程师追求创意性开发的容忍度因公司而异。在许多分析驱动型组织中，研发与其他职能部门一样，都是由严格的指标驱动的。例如，在雅虎、前进保险和第一资本等公司，流程和产品的更改首先要在小范围内进行测试，在更大范围内实施更改之前，必须对更改进行数字验证。

文化是否可以直接改变？或者说，文化变革是系统、结构和流程更新的结果？研究表明，等待组织文化有机变化的公司在数字经济中的发展速度太慢了，文化障碍与负面经济绩效密切相关。诺德斯特姆公司是一个很好的例子，说明当数字化战略的设计是以顾客为中心、员工授权和全渠道联系的时候，公司是什么样子的。

企业必须积极主动地塑造自己的文化，用像对待任何其他技术改造工作一样的严谨态度对待文化。文化不是偶然的存在，而是有目的地被塑造的。这意味着要积极改变所有与组织试图实现开放和创新文化背道而驰的要素结构、流程和激励机制；意味着必须要打破孤岛模式，确保人人以顾客视角为中心，容忍创新风险，并鼓励跨职能部门的协调合作。

7.4.3　真实性

商业环境中的真实性意味着你要忠于你是谁，你做什么，以及激励你自己的愿景。借用哲学中的存在主义运动，真实性意味着自由地选择自己的道路，并对这些选择产生的影响负责，而不是被动地听从其他力量的支配，甚至，声称自己只是跟着别人走而已来洗脱责任。

为什么真实性很重要？真实性如何支持组织及其意向性？因为不真实，不做我们喜欢的事，不忠于自己，会剥夺我们的精力和动力。

想想詹妮弗·安妮斯顿（Jennifer Aniston）在热门电影《上班一条虫》中扮演的女服务员角色。她因为穿着上不够有"品味"而受到责备。因为要被迫装出热情的样子，她辞去了工作。这是一个虚构的电影角色，但很多人有着相同的境遇。相比之下，当人们可以自由地做自己时，他们就会有更多的精力、灵感和热情，更有可能将激情代入到他们所从事的具有创造性和创新性的工作中。

真实的员工更有可能全身心地投入到工作中，参与实现公司的目标，并充分完成企业的使命。然而，这并不意味着无视行为准则，而意味着管理层需要找到方法，使行为准则与员工的个人价值观和表达方式保持一致。

真实文化的一个很好的例子就是美国七世代公司。该公司只是生产普通家用产品，如卫生纸、洗碗皂和织物柔软剂，却吸引了很多年轻一代的员工加入其中，并且他们似乎很高兴能在那里工作。千禧一代之所以如此青睐这家公司，是因为它的真实性和对更高目标的承诺。公司的宗旨是

"激发一场消费者革命，培育下一代人的健康。"

美国七世代公司在业务的各个方面都表现出真实性，无论是对员工还是客户。例如，该公司以鼓励消费者晾干衣服而不是靠机器烘干起到节省能源的作用而闻名，即使这意味着它在干衣机方面的市场将减少。尽管鼓励消费者的环保行为会直接损害公司的业绩，但它表明了公司对更高目标的承诺，即本公司的产品是天然无毒的，是对环境无害的。这种真实性激发了员工的忠诚度和奉献精神，因为员工们会真正地关心组织的使命，而七世代的使命不仅仅是为股东创造利润。

当一家公司展现出一个真实的目标时，员工和消费者都会感觉到与产品和公司间的联系。越来越多的消费者选择光顾致力于可持续发展的企业，即使他们的产品不是最便宜的。真实性赋予公司和产品实质性的内涵，它揭示了以人为本的思想和道德承诺，使人们能够将品牌与人联系起来，这股力量非常强大。在当今拥挤的技术领域，真实性将是一个差异化的因素。

7.4.4　诚信

用一句话来说，企业的诚信意味着即使没人发现，也要做正确的事情。致力于不仅仅为企业增加利润的社会目标，更为企业原本空洞的外壳增添"灵魂"。有原则地行事表明了一种道德良知，包括人们在说谎更方便的时候却选择说真话。没有了道德良知，企业就失去了经营的社会许可。

"不惜一切代价取胜"是一种相对企业领导者而言更适合精神病患者的残酷心态。对于那些无情的、不道德的资本家来说，如果你没有内在的动机去表现自己，那么就有充分的营利性理由充斥着你的商业道德。当领导者以正直的态度行事时，他们会在组织内培养一种充满信任和尊重的文化。这种文化会转化为更好的士气和对完成公司使命的奉献精神。诚信还能吸引顾客，如果公司给人一种"有所隐瞒"的氛围，就很难保持客户忠诚度。诚信经营也会吸引那些有道德的员工，毕竟大多数人都不愿意与丑闻扯上关系。最后，对于所有这些"胡萝卜"，还有一个"大棒"，那就是避免因不诚信的商业行为而承担法律后果。

联合利华公司在前首席执行官保罗·波尔曼（Paul Polman）的任期内各方面表现都相当出色。联合利华公司优先考虑社会责任和商业诚信，展示了一个优秀的商业道德案例。该公司的网站上有不止一个关于商业道德的条目。它将诚信嵌入其 DNA 中，实施一套行为准则，并在整个组织及供应链中得到支持。

我们希望联合利华的每一个人都能成为弘扬高道德标准的大使，我们称之为"商业诚信"。我们希望创造一个环境，让员工不仅在自己的工作中践行价值观——诚信、尊重、责任心和开拓精神，而且在发现潜在问题时保持警惕，并在发现问题的情况下也能自信、大胆地说出来。

生活在信息时代，掩盖丑闻不再那么容易了。当某件大事发生时（如 Meta 的剑桥分析丑闻，或者大众汽车的柴油排放丑闻），它最终会泄露出去，领导者如何应对丑闻将决定他们和公司的命运。我们呼吁企业领导者诚实地处理丑闻，因为从长远来看，它是会有回报的，即使在当下它会让你不得不撕下伤口上的创可贴。

以营利为目的的公司正在获得越来越大的权力和财富、对公共政策以及数百万人日常生活的影响力。亚马逊、Meta 和谷歌是世界性的一股力量，甚至影响到那些不会"添加购物车""点赞"或"谷歌搜索"的人的生活。随着公司变得越来越强大，它们需要承担起自然资源管理者和公众信任守护者的角色。如果大公司像封建地主一样行事，他们很可能会遭受同样被淘汰的命运。我们知道这听起来很理想化，但事实上已经有很多对大型高科技公司的批判描述，我们的重点是在未来如何把事情做好，而不仅仅是关注迄今为止做错的事情。

7.5　集成性

在构造的"4I 模型"中需要进行两种不同类型的集成。一是消除孤岛和等级结构，以创建一体化的组织结构。二是人与技术之间的融合。其中，第二种类型适用于第一种类型的各个方面，因为技术是组织和团队中各级人员工作、创造和决策的基石。

7.5.1　从金字塔和孤岛到灵活的网络

大多数组织都是孤立的、等级森严的。职能领域之间有明确的界限，如一方是客户关系管理，另一方是运营。为了在技术时代处于领先地位，公司必须具有高度的适应性和灵活性。技术使一方的需求感知可以与运营商和供应商实时连接。然而，这还需要从孤岛式结构转向系统思维。

我们采访过的一位企业高管解释说，员工的技能和理解能力必须从狭义转向广义。但是在转变之前，员工们有必要对他们的专攻领域有深入的了解。如今，技术和人工智能可以完成大多数常规的任务，已经不再需要详细的、"深而窄"的知识。我们需要的是跨职能协作的能力，即在跨职能团队中协同工作。要做到这一点，需要系统思维，了解如何将自己所做的工作与组织中其他人的工作相协调，如何满足客户需求，以及如何影响公司的战略和财务状况。总之，我们需要的不是知识的深而窄，而是能力的功能性和广泛性。

目前，许多组织使用基于权力的等级结构。你的等级越高，你的权力就越大，反之亦然。在等级结构的低端，员工没有得到"上级"的许可，就不能做任何重大的决定。然而，培养创造力和创新能力，需要内部员工有更多的自主权，而不是采用在金字塔结构中的那套东西。关于培养创新性和适应性，组织应该从僵化的等级结构过渡到灵活、敏捷和扁平的组织结构，即从金字塔结构转变到灵活的网络结构。

这些新的结构使团队能够自发地围绕新产品组建团队，然后在工作完成后解散，并根据新需求进行改革。而旧的组织原则将市场与运营隔离开来，根本无法充分发挥数字时代所需人才的全部潜力。

在谷歌，灵活的组织结构被用来促进创新，在那里，结构和文化相互作用，共同影响组织作为一个团体的能力。创新是谷歌文化的核心，其采用了矩阵式的组织结构，这种结构使跨职能和跨业务组能够协同工作，并跨越传统的垂直式孤岛结构。另外，谷歌是一个相对扁平的组织，这意味着谷歌的团队成员可以跨团队会面和共享信息，甚至可以绕过中层管理，直接向首席执行官汇报。

7.5.2　人与机器：新同事

第二种集成是人与机器之间的集成，这种集成渗透到组织的各个方面并且应该是无缝的。整个组织的集成意味着技术的获取和实施不应该是分散的，对技术的投资源于对组织目标的支持，它需要将组织的各个部分联系起来。在技术获取的同时，还必须对工人进行培训和支持，使他们与机器能和谐工作，这些机器都是他们的新同事。如果没有雇用合适的人才，没有适当的入职培训，没有创新文化，技术投资最多只能产生零散的生产力，员工永远无法获得与机器接触和工作的能力和信心。

联合利华公司的招聘流程就是一个很好的例子，它说明了如何将人类和人工智能技术结合起来，以共同制定决策。在申请流程的第一轮，求职者需要玩一种网络游戏，并帮助评估和规避风险等，而不需要经历繁琐的申请、审查流程。游戏的答案没有对错，然而，人工智能算法可以观察求职者的反应方式，并为他们提供最适合的职位的初步筛选结果。在第二轮中，求职者将要提交一段视频，在视频中求职者需要回答与具体职位相关的问题，同样，人工智能算法会评估面试者包括肢体语言和语气在内的反应。根据人工智能算法的判断，通过第二轮面试的候选人将被邀请到联合利华公司进行面谈。这时，人类才会做出最终的雇佣决定。

将人工智能过滤与人的判断结合起来，通过两步走的方式加速招聘过程，并使人力资源部的员工解放出来，在筛选最初的应聘者之外，有更多的增值活动。

在第 5 章的人机界面模型中，机器提供输出，包括统计、数据、预测、评估、信息和产品，而人类在需要判断的地方做出最终决定。人类负责填充内容，即解释、翻译和判断，许多流程和决策可以而且应该是自动化的，但是，更重要的决策，如那些需要专业知识和判断力的决策仍然应该由人来做。因为就像在第4章中提到的，人类会在可预测的边界上做出完全理性的行为。我们应该把人工智能作为一种决策支持工具，通过填补计算空白和去偏见化来帮助人们把事情做好。此外，常规战略决策的自动化（如在缺货前重新订购物资）有助于在一天的工作过程中保持持续的高质量决策，尤其是在需要判断（而不仅仅是计算）的战略环境中。

把人工智能当作一个辅助性的同事可以避免决策疲劳。决策疲劳是指一个人在做了过多选择后意志力减弱的状态，有更多的选择意味着有更少的耐力、更少的生产力，以及更少的能力去完成令人不愉快但目标导向的任务。

7.5.3　设计思维

我们强调，"人机共融体"鼓励个人、团队甚至超越此规模的企业去创新。但是，要怎样才能创新？企业如何实现以人为本的创新？包括谷歌、苹果和宝洁在内的许多行业领先企业，都已将设计思维作为一种方法，并利用该方法教会团队和个人拥有创造性思维，这是创新过程中的重要一步。

据美国设计公司IDEO的首席执行官蒂姆·布朗（Tim Brown）所言，设计思维是一种"以人为本的创新方法，它从设计师的工具箱中汲取灵感，将人的需求、技术的可能性和商业成功的要求三者结合起来。"设计思维已被无数行业的公司用于产品创新，如从美国国际商用机器公司到耐克、百事可乐、美国银行，再到通用电气医疗，几乎每个行业都有。设计思维在试图解决定义不清或未知的复杂问题时特别有用，因为在这个过程中我们侧重于理解人类对问题的需求，关注的是购买的意向性，而不是产品本身，不是像美国捷步、达康公司那样直接处理问题。设计思维是用以人为中心的方式重新构建问题，是以人为本的技术时代创新和设计的理想视角。

从寻求理解用户开始，设计思维遵循的是一个反复迭代的设计过程。为什么设计思维对人机共融体如此重要？了解产品或服务的设计对象有助于培养对人类需求的同理心，而不是简单地设想新的产品用途。这个设计过程对当前的假设提出了挑战，并重新定义了问题，我们试图找出替代策略和解决方案，而这些策略和解决方案在最初的方法中可能并不明显。设计思维不仅提供了一种不同的思考方式，还提供了一个实践过程，并最终产出一个解决方案。

设计思维通常有五个阶段，如图7.1所示。

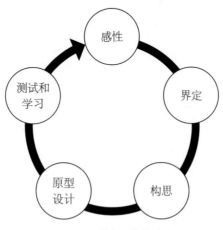

图7.1　设计思维的阶段

第一阶段是要有感性，即获得对问题的理解。它包括观察和沉浸在问题中，并且需要对问题有深入的理解，而不被个人的假设所蒙蔽。技术、人工智能以及产品信息的实时客户数据都可以在这里提供帮助。然而，这个阶段可能已经超出了产品当前的使用方式，历史数据本身无法提供帮助。相反，同理心可以揭示潜在的问题，帮助解决核心问题，最终找到一个在其他情况下可能还不太明显的解决方案。

第二阶段是界定，即确定核心问题。这是一个以人为本的问题阐述。

第三阶段是构思，即产生解决方案的想法。关键是"跳出固有模式"的思考，找出满足需求的新颖解决方案。许多"创意"技巧，如头脑风暴，甚至玩一个"最坏想法"的游戏，都是激发自由思考和寻找解决方案的创造力。

第四阶段是原型设计，在这个阶段，会创造出许多缩小版本的解决方案。这是一个实验阶段，在这个阶段中，想法会被改进、重新检查、完善或舍弃。

第五阶段是测试和学习，在这个阶段，通过实验和对问题的理解会产生最终的解决方案。在这个阶段，失败是被允许的，甚至是被期待的。事实上，像谷歌这样的公司常常期望着失败，因为这能促使他们学习和进步。

重要的是，设计思维不是一个线性过程，许多阶段可以同时进行。例如，测试阶段可能会揭示一些关于用户的信息，这些信息可能会推动对新原型的重新构思和创建。其理念是，这是一个不断了解客户、提炼问题和获得解决方案，以及不断创新和创造的过程，这是一个持续改进和反馈的过程。

德国博朗公司和美国欧乐-B公司提供了一个设计思维的例子。博朗和欧乐-B找到了总部位于伦敦的工业设计公司Industrial Facility，请他们帮助设计一款基于物联网的"智能"电动牙刷。这两家公司希望开发一款具有先进数据跟踪功能的牙刷，能够感知用户刷牙的情况。这款牙刷可以让使用者了解刷牙在各方面带来的效果——牙龈的敏感程度，每颗牙齿是如何被洗刷的，甚至可以在刷牙过程中播放音乐。理论上，这款智能牙刷可以改善口腔卫生，并且让刷牙过程更愉快。

然而，通过设计思维，设计师帮助公司确定了客户的实际需求，但并不包括数据跟踪等功能。其中一位设计师说："如果你没有正确地使用牙刷或者刷得不仔细，导致刷牙效果不好，会让牙刷充满了'负罪感'。"这两家公司没有考虑客户的体验，他们对牙刷的想法和人们对运动活动跟踪器的想法一样，认为它应该负责记录和处理信息。

所以他们取消了所有这些花哨的功能。相反，他们认为最有用的功能是方便给牙刷充电和自主订购替换刷头。于是经过设计，这款牙刷在家里可以通过充电头感应充电，使充电更方便，而且还给它配备了一个USB充电接口，以防用户在旅行时用完电池。至于订购更换的刷头，只需按一下电动牙刷上的按钮，就会向客户的手机发送一个提醒通知，让客户购买更换的刷头。这些设计满足了客户真正的需求，与制造商最初设想的物联网牙刷相去甚远。

设计思维也可以帮助我们避免解决主义的问题。硅谷试图通过为生活中的所有问题提供技术解决方案来打破现状，这听起来是好的，但可能也是危险的。根据叶夫根尼·莫罗佐夫（Evgeny Morozov）的说法，有些创新实际上可能是"被一种普遍而危险的意识形态所驱动的，我称之为'解决主义'：这是一种知识分子的病态，他们只根据一个标准来认识问题，即是否能通过我们所掌握的一个好的、清晰的技术解决方案来'解决'。"因此，遗忘性和不一致性等人类在认知上的挑战之所以能成为"问题"，仅仅是因为我们有消除它们的工具，而不是因为我们已经权衡了所有这样做的哲学利弊。

设计思维通过关注人类的实际需求来避免过度设计产品，而不仅仅是让现有产品变得更加华丽。

7.5.4　人工智能用户界面

所有的技术进步最终都是为了支持人类活动。因此，机器想要发挥作用，在设计时就必须与人类决策者无缝结合，以人类用户易于访问的方式提供相关信息。然而，仅仅依靠机器来支持人类活动是不够的，必须通过设计使它们能够增强人类活动。如果人类与机器在交互过程中失去了洞察力，那么开发复杂的人工智能、机器学习和技术能力是远远不够的。机器和人类之间的交互必须以一种人类使用能力最大化的方式来呈现，如通过数据处理和可视化，使人类能够从中获得可操作的机器智能。机器的设计不仅要考虑到它们在计算方面的卓越，更重要的是，要提供能够增强决策和创造力的输出，并作为同事与个人用户和团队进行交互。

因此，需要一个人工智能用户界面（UI），它是人与机器交互的媒介，具有模拟认知功能的界面，便于人与机器之间的交互。我们在亚马逊的世界网站排名网、美国国际商用机器公司的沃森、网飞和声破天上都看到了支持 AI 的用户界面。可以说，没有用户界面，这些算法对人类来说将毫无意义。这些 AI 被设计成"像人类一样"，将原本复杂的、难以理解的信息以人类可以理解的方式呈现出来。

面对数据来源机器化，人类决策的一个重要方面是如何接收所给的数据。从数据中提取智慧的一个成功方法是考虑如何可视化地呈现数据。研究表明，数据呈现方式对数据的解释和最终决策的成功与否有着重大影响。随着技术在数据可视化展示和操作方面的显著进步，可视化数据尤为重要。

世界四大会计事务所之一的德勤提供了一个面向员工的用户界面的实例，该公司使用UI工具来帮助审计专家工作。人工智能算法处理大量数据并且运行速度快，这就消除了审计人员日常耗时又乏味的档案检查工作。人工智能能够分析大量的文件、阅读文本、发现趋势，并使用预测分析来生成预测方案。UI的设置是为了帮助审计人员将大数据转换成他们可用的信息，它甚至能记住审计人员的行为和选择，以提供更适合特定审计人员的信息。在AI处理数据时，审计人员仍然需要理解数据的内容和背景，而用户界面就是使AI实现"以人为中心"的纽带连接。

7.6　可行性

俗话说"细节决定成败"，一个想法一开始听起来可能是可取的，直到你将其放大，才会意识到它充满了麻烦。因为，最终我们提出的所有想法都需要付诸实施，而这正是事态可能偏离正轨的地方，所以，我们在这里提供了一些实施指南。

7.6.1　有明确的信息

我们讨论了意向性的目的、拥有正确的文化、真实性和诚信的意义。在我们能够雇佣人才和创造一个良好的工作环境之前，实施的第一个方面就是将这一切归纳为简洁的信息。简明扼要、有说服力的信息在组织的每一个层面上都能重复，这样可以消除歧义和混乱。

有意向性是一回事，而用一种人人都能理解、人人都能看到的方式表达出来是另一回事。如果没有明确性和重复性，意向性会在正常的业务职能、日常压力和电话游戏等琐事中消失。信息的清晰度和可重复性可推动从创造新产品到新员工入职的一切工作。

再看看来自美国七世代的启示，对于员工来说，产品的创新性和创造力是毋庸置疑的。它始终朝着开发"培育未来七代人的健康"的产品而努力。谷歌也是如此，这家公司的成功在于它有明确的使命："组织全世界的信息，并让人人都可以获取及有效利用这些信息。"谷歌人开发的每一款产品都是为了离实现其目标更近一步。

综上两种情况表明，清晰明了的信息有助于员工了解应该关注什么；有助于客户理解公司的宗旨；同时，它也是一种很好的招聘工具。一个明确的信息可以在很大程度上吸引与公司价值观相同的人才。

7.6.2 雇佣合适的人才

我们曾参观过的一家领先的科技公司指出了它成功的秘诀，即招聘合适的人才。我们私下采访的一位分析师说，他和其他人一样，被创新文化所吸引，物以类聚，人以群分，创新文化吸引创新人才。有才华、有动力的人希望成为一个有目标、有创新文化和鼓励创新的组织的一部分。

虽然不能强迫员工分享公司的意图、价值观或文化。但是，观念文化的不匹配将导致真实性的缺乏，客户和其他员工都能够体会到这一点。因此，共同的目标是共同的出发点，明确公司的意图，并在招聘过程中强调这一点，对招聘合适的人才将大有裨益。我们采访过的一家公司表示，该公司向潜在员工提出了一系列超出其能力和职责范围的问题。这些问题明确地揭示了员工为什么对公司感兴趣，他们对公司使命有何看法，以及他们如何和为什么能够融入公司。

鼓励创新的公司会吸引创新型人才。德国思爱普公司的一位员工这样描述文化对创新的重要性："当你在一家跨国公司工作时，很容易觉得自己没有影响力，但在 SAP，敢于冒险和大胆思考是被鼓励的。如果你有一个想法和计划来完成它，没有人会阻止你实现它。"这种鼓励性的环境就是思爱普公司一直被列为最佳工作场所之一，并且每年都能取得优异业绩的原因。

与苹果公司一样，领先的技术公司已经积累了大量的分析型人才，公司的其他组织都可以利用这些人才。早期聘用的员工构成了公司建立分析团队的核心，这些最初的雇员必须是最有能力的人，以便尽可能建立最有效的团队。然而，考虑到市场对这种人才的潜在需求竞争巨大，公司必须积极招聘深度分析型人才。这可能涉及从其他国家或地区寻找人才，将一些分析服务外包给供应商或与学术机构结盟。

招聘人才固然重要，但这还不足以改变一个组织。领导层必须对分析能力有鉴赏和理解，以推动正确的文化。

组织中的领导者至少需要对分析技术有基本的了解，才能成为这类型分析的有效使用者。那么金融服务公司第一资本是如何解决这个问题的？该公司建立了一个名为"第一资本大学"的内部培训机构，它可以提供专业培训项目，如测试和实验设计。这有助于促进整个组织对分析有更广泛的理解，而不仅仅局限于分析师。

7.6.3 创造人们喜欢的工作环境

科技不断改变着人们的工作方式。在过去，大多数企业只需要一个物理空间、一个数据中心和企业员工。随着科技的发展，通过设备互联、企业资源管理（ERM）和客户关系管理（CRM）平台以及云计算，数字化工作场所应运而生。它使虚拟团队和工作场所发展成为一个全球连接和全球分布的企业。

随着竞争更多地集中在创造性产出上，需要坐在办公桌前的刻板要求应该消失。创造力和创新很重要，而这些在长期被迫坐着的情况下是很难产生的。现在，工作的地方正在从单一的、一个人低着头坐着、打卡上下班，转变成为一个家的延伸。在那里我们可以以满足内在的方式进行发挥和创造价值，而不仅仅是简单地获取报酬。

今天的工作环境更多需要的是促进团队的动力和维持人们协作的空间。它应该有舒适的环境和便利的设施，使人们在工作时保持身体健康和精神饱满。人们需要成为社区的一部分，并成为鼓励性的、功能性的团队的成员，创造一种有共同价值观的文化。

当人类员工被技术赋予权力，受到管理者的鼓励性支持，并在工作环境中感到舒适时，他们便会提供高质量的工作表现。领先的公司将通过调动员工积极性、培养员工自主性和实现敏捷工作，使员工能够专注于组织的真正目标。这种自主性和敏捷性是创新的基础。

谷歌是最早真正理解需要一个舒适的地方来培养创造力和创新的公司之一。当然这也是有规则的，目前为止，规则要求员工上班时仍需穿裤子。然而，谷歌是最早允许员工有灵活的时间表，并按照自己的时间表工作的公司之一，这使得生产力水平大大提高。谷歌创造了一个好的工作环境，在这里，员工们可以探索他们想如何工作，并判断选择什么能给他们带来最大的生产力。最后，谷歌创造了一个有趣的环境，让人感觉不像是工作，并且使谷歌员工经常自愿地延长工作时间，甚至周末也不例外。

7.6.4 培养创造、实验和失败的自由

实验与创新是相辅相成的。一个"测试中学习"的文化需要一个可以测试想法并从失败中吸取教训的环境。简单地说，"测试中学习"是一套流程，在这套流程中所有的想法、变化和创新都可以被定为假设，这个假设可以是一个新的广告活动，也可以是一个问题的解决方案，最后通过实验来验证这些假设，并且这些实验是通过数据支持来实现的。根据实验结果，收集证据并做出改变，然后重复这个过程并不断改进，直到这个想法可以实施为止。

"测试中学习"的业务流程已经存在几十年，在这个瞬息万变的时代，它对于预测未来的情景尤其有用。我们可以用它来测试几乎关于所有方面的想法，从广告（如哪个活动拥有最多的"点赞"）到商品销售（如客户对零售组合的反应），再到产品设计的变化和新功能（如根据客户反映设计，包括嵌入式传感器在内的功能）。

"由因及果的文化"假设所有想法的实际结果都是事先未知的，这种创

新的方法能从实验的失败中获得深刻的理解，相比其他方法更有说服力。

7.7 指示性

成功、进步和成就最终都需要被衡量。这就是指标或衡量标准发挥作用的地方。理解和使用正确的指标可以推动改进，并帮助企业专注于他们认为重要的事情，可以说，指标揭示了公司任务的优先级。

彼得·德鲁克（Peter F. Drucker）这样说，"你无法衡量的东西，你也无法管理。"阿尔伯特·爱因斯坦（Albert Einstein）警告说，"不是所有有价值的东西都能被计算，也不是所有可以计算的东西都有价值。"此外，我们从双缝实验中知道，在量子水平上，观察事物的行为实际上改变了被观察对象的真实性。这一点体现在更实际的层面上，当管理层决定衡量某个指标，仅仅是改变员工的行为，使员工的产出在该指标下最大化，而不考虑这样做可能会扭曲员工的行为。

衡量时需要小心，监测错误的性能指标会导致决策的摇摆不定。在实施任何新的绩效指标之前，要仔细考虑最懒惰、最聪明、最愤世嫉俗的员工会如何"适应"或"玩弄系统"，以最大限度地提高在该指标下的绩效表现，实际上却未能实现管理层在实施该指标时所期望的产出。

最常见的指标类型是关键绩效指标（KPI）。KPI是用来监控个人、团队或整个部门在实现既定目标方面的表现的度量指标。这些指标往往是定量的，大多数公司为了获得最大的收益，都会将其简单化，然后用可量化的方式对目标进行评估，以跟踪项目的进展。

然而，仅凭KPI是不够的，它们往往不包括人机共融体时代所需要的战略和抱负目标，现需引入目标和关键结果（OKR）的指标。OKR的目的是通过具体的、可测量的规范来精确地指导和实现抱负目标。OKR是一种鼓励创造性、新颖性和雄心表现的绝佳方式，也是一种既能触及最终目标又能确保客观进展的方法，同时还能避免常规性能指标的"可修改性"。

OKR的概念最早由英特尔前首席执行官安德鲁·格罗夫（Andrew S.

Grove）在20世纪80年代提出。谷歌在1999年开始使用OKR，有些人甚至认为它是谷歌成功的关键因素。OKR帮助谷歌建立了组织流程的模型，谷歌使用0到1.00之间的尺度对OKR的O部分进行评分，并每季度对其进行评估。其中，0.6到0.7之间的数字被认为是"最佳点"，持续获得1.00则意味着OKR的野心还不够大，因为他们没有推动团队去拓展和测试其极限。

OKR指标有两个部分。首先，明确目标，目标是我们正在努力的方向，也是我们努力想要获取的结果。如果目标是充满野心的，员工就会应该感到有些不自在。例如，它可能是"利润增加10%"，这个目标在理想情况下应该很高，以至于在衡量期间可能无法很好地实现。目标是有方向性和理想性的，想要实现它并不容易。其次，明确关键结果，这样我们才能知道目标是否实现了，这个过程是具体的、可衡量的。例如，它可能是"通过供应商反向拍卖系统节省10%的采购成本""通过外包分销降低25%的成本"。因此，我们需要设定目标，然后具体说明如何实现这些目标。OKR和KPI是相辅相成的，然而，OKR与KPI的不同之处在于它激发了抱负目标，并为建设性的失败创造了空间。

OKR也是公开的（至少在公司内部）。这意味着每个人都可以看到其他人在做什么，即透明度。每个人都知道公司的目标，知道如何将他们的工作与其他团队的工作相衔接，以及如何让每个团队的目标与公司的总体目标相吻合。开放式OKR是团队的一部分，其有助于实现意向性和共同愿景。

7.8 动态模型

"4I模型"是一个动态的"活生生"的组织，它在一个不断学习（无变异性）的反馈循环中，随着时间的推移而演变，如图7.2所示。意向性通过提供一个更大的目标为集成提供了理由，集成性能将合适的人力和人工智能资源整合到多功能的且适应性强的团队中，一旦集成后，任务将根据可行性而实施推进，通过给予其失败或创新的自由，来最大限度地利用集成的资源，以上所有这些都是通过指标来评估的，通过指标衡量什么对任务的进展至关重要，并反过来推动意向性的改变。

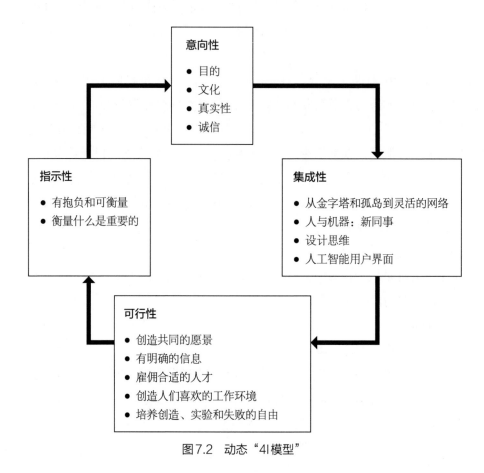

图7.2　动态"4I模型"

　　具有正确文化、真实性和意向性是推动组织发展的首要因素。他们创造了一种氛围和工作环境，使自由、创新和创造力得以实现。

　　在意向性的驱动下，组织结构从垂直的孤岛式结构向柔性结构转变。扁平的矩阵式组织比僵化的等级制度或金字塔更受欢迎。而集成意味着团队要在所有的职能领域中协作，并进行人机战略组合。

　　目标实施是通过简洁明了的信息，以及雇用具有共同价值观的合适人才来实现的。工作环境从强制出勤的办公室空间转变为可以"选择"的工作环境，这种环境的好处是能够提高员工舒适度、促进组织协作、团队合作和创新。

最后，类似配额的绩效指标被促进创新和理想抱负的 OKR 所取代。本着持续改进的精神，这是一个不断进化的过程。

7.9　小结

一个企业要成为人机共融体，就必须摆脱旧的商业模式。意向性和目的性必须取代一味追求利润最大化的做法。有意义的合作关系必须取代没有灵魂的、单纯的契约关系。摒弃等级结构和孤岛式结构，而倾向于扁平和流动的柔性结构。集成的综合团队应该用有抱负的绩效指标来衡量，并给员工发展的空间。致力于实现"4I"模型很难，因为这个变革过程充满了未知的恐惧，但它会引导一个组织走上一条越来越健康的变革之路。

第 8 章

突变

> 我们正在经历一场行业突变——这不仅仅是变革，而是一场突变。
>
> ——塞巴斯蒂安·巴赞
>
> 缤客首席执行官

> 美捷步是一家客户服务公司，专门销售鞋子、衣服、手袋和配饰，它的业务很复杂，但它的核心是以客户为中心。
>
> ——亚历克斯·热那亚
>
> 美捷步客户研究主管

8.1 如果冰箱可以说话

一般人通常认为冰箱、空调和洗衣机没有多少创新空间，这个想法是可以理解的。然而，海尔打破了所有白盒的刻板形象，让家电再次变酷。他们的洗衣机和烘干机是齐膝高的、便携的和可定制的。冰箱上，有一个连接到食品供应商的屏幕可与客户交流，以满足每一位客户的需求。当冰箱中牛奶不足、生菜变质、奶酪过期时，它会提醒顾客，再者，它会生成购物清单，并直接为你订购。它还可以为糖尿病患者监测低糖食品和低脂食品里的卡路里含量。餐厅的酒柜可以直接连接到酿酒师，顾客可以在酒喝完之前下单。这些都是智能电器能做到的。

海尔凭借其前瞻性的文化，服务于甚至连客户自己都意识不到的需求，重新设计了这些曾经平淡无奇的生活必需品。海尔展示了"人机共融体"的特点——人类的创造力和技术创新的融合。人机共融体是未来的组织，而未来就在我们眼前。采取旧模式逐步适应市场和转型的方法只能带来短期效益，而不会对长期生存起作用。为了在市场中生存，组织必须愿意彻底重组或者重构，并且做到形式服从于功能。

8.2 不同的组织形式

人机共融体是一种不同的组织形式。它是一个有"动能"目的（意向性）的生命体，它充分利用机器和人之间的互补性和融合性，使之成为一个整体（集成性）。其工作方式具有流动性，可以自由地创建、测试和创新（可行性）。最后，能够以一种面向未来的、衡量创新和创造力的以及有抱负的方式来评价其表现（指示性）。

8.2.1　是突变，而不是变革

在第 7 章中介绍的 "4I" 模型并不是变革的路线图。变革的概念不能体现出人机共融体所代表的东西。组织在改变其战略方向，重组其文化或运营以应对市场的剧烈变化时，就会发生变革，如技术突破或合并。变革通常是对竞争环境中的重大问题或挑战的一次性反应，变革有开始和结束，即有开始的 "状态" 和结束的 "状态"。

人机共融体不是一个经变革后已经达到新的稳定状态的组织。相反，它是一种不同的组织形式，这也是与通常的变革的概念存在不同的原因。关于数字化转型，有无数指令性的路线图指出如何进行转型的各种问题，如变革应该如何发生；赞助的问题，如谁应该对分析的方向负责；领导的问题，如谁负责实现分析的远景；财务问题，如应该如何为分析能力的发展提供资金；监管治理问题，如分析人才应该在组织的什么地方展开工作。

人机共融体是一种不同的组织形式，它与传统的组织结构、等级制度、激励机制和运作方式不同。在这个组织中，技术和机器与人类具备的最优秀的才能交织在一起，最终创造出共生关系，其中每个人都要对组织和创新的方向负责。分析和技术不纯粹是一个有投资回收期的过程，相反，它们是组织体系结构的重要组成部分，分析和技术的相关人才不会生活在一个地方，他们分散在整个组织中。这不是从状态 A 到状态 B 的转变，而是一个持续的突变过程。

根据荷兰缤客首席执行官塞巴斯蒂安·巴赞（Sébastien Bazin）的说法，他们不是在变革，而是从一家 "酒店" 公司转变为一家 "旅游" 公司。过去 15 年，在线旅行社、综合性集成网站和像爱彼迎这样的公司，一直在引领创新，"这个行业没有经历任何革命、我们没有进行任何的变革。我们确实进入了一个巨大的突变，这是不可逆转的，而且它只是在 12～15 年前才开始。"

人机共融体是一个像变形虫一样的组织，具有流动性、高度创新、高度透明、创业精神、敏感性和适应变化的能力。要做到以上这几点，就需要我们所说的组织突变，需要重大的颠覆。我们将在后文讨论与此相关的问题，但首先让我们了解人机共融体的特征。

8.2.2　人机共融体的特征

人机共融体在大数据、CRM平台和云计算的基础上融合了人工智能和人类特质。人、机器和流程的结合产生了四个明显的特征，即以人为中心、扁平和流动的组织结构、创业和创新文化，以及自我意识。

1. 以人为中心。机器的使用和开发是为了满足人类（客户、员工、领导和团队）的需要。我们必须记住，技术不是为了技术而存在的，它的存在是为了支持人类的努力，因此，它的设计和使用都着眼于人类的目标。根据机器人伙伴输入的意见，由机器执行自动化任务，而人类则负责进行创造性决策。

2. 扁平和流动的组织结构。扁平而流畅的等级结构，使得高管和员工之间距离为零，使得领导者、经理和实干家之间能够进行持续的沟通。为了特定的目标，公司内外的人际网络像变形虫一样实时地变化，将技能和才能正确地组合到一起。完全透明的信息、角色和目标使这些职能团队能够对环境压力和不断变化的企业目标做出正确的响应。

3. 创业和创新文化。创新给企业文化注入了创业精神。创新并不局限于某个部门，而是激励团队的所有成员去思考新的解决方案。团队可以自我管理，并通过分配责任来激励团队快速地解决问题，摒弃"但这不是我的工作"的消极文化。

4. 自我意识。自我意识是企业的一种集体意识状态。它归根结底是一种组织能力，是人机共融体的一项基本要素。在科技时代，自我意识对于一个组织的成功至关重要，因为它能够使组织对环境变化做出快速反应。因此，在适应变化时，组织必须拥有自我意识的机制，即监督、反馈和假设检验。

8.2.3　卡斯帕罗夫定律

向人机共融体特性的转变，涉及结合卡斯帕罗夫定律中创造超人能力所需的三个变量，即人、机器和流程。这三个变量的特征会根据组织的使命和战略而有所不同，如图 8.1 所示。

工艺流程	人	机器
• 扁平结构和创新文化 • 流体过程 • 共同领导 • 文化	• 顾客 • 领导与教练 • 分析师 • 设计者 • 供应商	• 平台 • 人工智能与分析 • 物联网 • 网络链接 • 云计算

图8.1　卡斯帕罗夫定律的三个变量

机器不能仅仅被添加到旧的系统和进程中，也不能被不擅长使用它们的人战略性地利用。接下来我们将具体地讨论这些变量的关键特征和人机共融体特性。

8.3　关注人类需求

智能机器是人工智能的基础，但人机共融体的重点是人。在科技时代，人们很容易忽视这一基本事实。技术是用来服务人类的，机器不是为了机器而存在的，大自然创造它们不是为了通过进化、繁殖和发展商业来发展自己。

相反，机器的存在是为了支持人类的努力。人工智能是人类创造的，它们被设计成像人类一样行事，并对人类产生积极的影响。不可否认的是机器的计算能力更强，超级计算器可以处理大量的数据，并做出一般人类大脑无法做出的推断。要想让机器有用，机器的设计必须与人类决策者无缝集成（符合人体工程学和易于使用）。然而，单靠机器能力还不足以让组织获得成功。数据的呈现方式必须最大限度地提高人类使用数据、可视化数据、处理数据以及从中获取可操作智能机器的能力。机器输出必须能够实现决策、创造力和创新。为了充分利用，机器必须结合并加以利用人类最基本的特征——情感和社会的需求。

如果没有这种以人类为中心的方法，组织将会僵化，并导致破产。没有人的接触，就没有客户；没有供应商，没有员工，也就没有管理者。确保人类在信任和没有恐惧的情况下与技术融合，这是领导层的责任。因此，每一次新技术的采用都必须以人为本。

8.3.1 体验经济

目前，没有什么比"体验经济"更关注人的需求了。体验经济代表了从以产品为中心到以客户为中心的经济转变。数字时代已经使大多数产品商品化，并将竞争的焦点转移到客户体验上。目前，人工智能和技术可以在客户与公司的所有接触点上定制客户互动。技术的发展使人们期望能够对咨询做出迅速响应，包括定制产品和服务，以及方便地获取信息，这是一种基本的期待。现在的竞争战场是需要创建一个定制的客户体验，而这还需要挖掘人的特质。

如果一家公司希望保持有意义、有价值和成功，那么就不能忽视竞争重点的转变，即客户体验。如今的客户比以往任何时候都更有权力。无论情况是好是坏，人们都希望得到快乐，而且他们希望在消费体验中获得与其他地方相同的快乐体验。因此，公司都在竭尽全力地创造合适的氛围和消费模式（不仅仅是合适的价格）。机器通过挖掘大数据来帮助我们理解和挖掘客户最深层的欲望，并洞悉未明确表达的需求。这种智能机器被用来创造最佳体验，也可能被用来创造出使人在心理学上让人上瘾的产品，但这就是诚信原则的所在，即使用消费者数据的正确方法是确定需求并满足需求，而不是利用漏洞来创建令人上瘾的产品。

　　鞋类和配件零售商美捷步家居用品有限公司因准确理解客户的需求而得到客户认可。该公司最初以其设立的退货政策而闻名，该政策允许顾客在购买商品一年内的任何时候，对不满意的商品进行全额退款。这一政策使美捷步迅速积累了一批忠实的粉丝。这种高水平的客户服务现在已经演变成个性化。了解并保持顾客满意和个性化产品的重要性是该集团客户研究主管亚历克斯·热那亚（Alex Genov）的主要关注点。

　　热那亚表示，大多数个性化系统会根据购买历史进行推荐。然而，这可能会导致消费者看到的只是与他们已经购买过的东西类似的选项。他说："真正的个性化是指你了解顾客购买这些鞋子的目的，然后从整体上帮助他们"。

　　美捷步超级个性化的一个例子就是试图理解购买者的意图。例如，鞋子是为第一次约会还是面试而买的，因此需要给人留下好印象吗？然后，该网站还可以推荐可能适合那个场合的其他服饰。热那亚说，美捷步是一家客户服务公司，销售鞋子、衣服、手袋和配饰，但它的核心体系是以客户为中心。其重点是背景、经验、意义和情感，而不仅仅是产品。

　　零售商丝芙兰能够理解顾客的情绪，从而颠覆人们购买美容产品的方式。丝芙兰利用技术来管理一个成功的全渠道销售战略，并使用移动应用程序作为实体销售渠道和数字销售渠道之间的联络人，从而给客户提供流畅的购物体验。此外，这些技术解决方案使丝芙兰能够收集更多的客户数据，然后利用这些数据继续改进其产品。丝芙兰已经颠覆了美容用品零售行业，因为它明白美容不在于产品，而在于创造积极的情绪。

　　过去，顾客通常会一个品牌接着一个品牌地购买美容用品。后来丝芙兰出现了，它通过鼓励顾客测试和试用产品，创造了一个美容产品的游乐场。理解顾客的情绪让丝芙兰能够在创造顾客体验的过程中不断地调整自己的营销方法。

　　正如在阳狮集团旗下麒灵·睿域中担任内容和商务高级副总裁的贾森·戈德堡（Jason Goldberg）指出的那样，"没有人是因为他们想在卧室里放更贵的彩色粉末去购买美容产品。他们购买化妆品，是因为他们想在春季舞会、约会或任何情况下看起来漂亮。他们购物是为了一种体验，所以在购物场合提供体验是非常重要的，但是他们也一定不想在购买厕纸时有什么高科技的浸入式购物体验"。

另外，科技使丝芙兰利用顾客体验创建了一个可在Instagram（一款图片分享应用）上发布的概念商店，这个商店鼓励顾客玩产品，并提供免费的店内课程。丝芙兰深知情感创造了分享的需求，而丝芙兰利用这种需求创建了一个紧密联系的美容社区。

体验经济可能是数字时代的副产品，在这个时代，企业无法仅靠产品的优势获得成功，科技可以通过客户的情感来创建一种社区体验感。以家庭健身设备制造商Peloton（美国互动健身平台）为例，这家公司过去生产固定式自行车，如今，Peloton已经明白一个小工具仅仅是一种商品，任何人都可以卖健身车，他们现在的重点是客户体验。

Peloton通过安装在车把上的控制台，为客户提供基于云端的自行车运动教学内容的实时流媒体，并且通过这些练习远程连接车手群体，从而创造出社交动态。Peloton自行车的车主可以直播动感单车课程，还可以访问一个点播图书馆，里面有以前录制的课程。Peloton利用技术在自行车周围创造了一种社会群体或网络效应。因为它只是一款不错的固定自行车，所以该公司的成功并不在于产品本身，而在于创造一种独特的、共享的群体归属感体验，即使这种体验是虚拟的。

甚至像消费者银行这样平凡的事情也在改变，如利用技术来挖掘客户的情感，创造一种社会体验。了解到了这一点，第一资本通过其一系列的第一资本咖啡馆重塑了银行业务。这些咖啡馆将银行业务与舒适的咖啡馆、免费Wi-Fi、沙发，甚至桌面游戏（如Connect Four）结合在一起，顾客在等待业务办理时可以玩这些游戏，这是对银行业陈旧而乏味的服务概念的一种颠覆。任何人，不管他们的银行财产背景如何，都可以坐在沙发上喝杯咖啡，如果他们愿意，还可以得到专业人士的指导来解决他们的资金问题，这是一种全新的银行体验。

这些案例传递了明确的信息，即利用技术创建社区，增强人类体验感。从美容产品到健身设备，再到银行体验，无论什么行业，以人为中心的产品都比传统产品更具有竞争优势。

8.3.2　客户是共同的创造者

以客户为中心的文化使用预测分析方法来预测客户的行为模式。然后，通过动态整合结构化数据（如人口统计数据和购买历史）和非结构化数据（如社交媒体和语音分析）来定制与客户的正确互动模式。协同创造是一种基于人工智能的开放式创新，其特点是与客户和产品设计师无缝对接，让客户在产品和体验上拥有发言权。

正如丝芙兰和Peloton所表达的经营理念，他们创造了更有影响力的客户体验，而且，也具有巨大的运营效益。协同创造可以显著降低实验失败的风险，也降低了成本高昂的试错过程。一般情况下，公司在推出一个产品进入市场前会看是否有需求，而协同创造绕过这些问题，加快了变革步伐，并通过让客户参与产品创造来降低在产品创新中的风险。

通过协同创造，企业不再需要在发布产品或服务之前猜测产品或服务的用途和发展，不需要在产品发布后等待、判断猜测是否正确。只需通过终端用户的直接输入，几乎可以实时地对产品、服务以及整个客户体验进行调整。这降低了风险并提高了响应能力，还加强了与客户的联系，提供了有价值的见解，了解客户购买的动机，以及他们打算如何使用产品，其中，有许多见解是无法通过传统方式获得的。协同创造无处不在，当然，漠视它的公司也将迅速地落后。

8.4　扁平和流动的组织结构

像美捷步、谷歌、海尔和苹果这样的领先科技公司有什么共同之处？它们都有扁平和流动的组织结构，这是人机共融体的特点之一。这些科技公司的组织方式是不同的，但平整度和流动性是共同的主题，这是创新和有活力组织的规范准则。在传统意义上，领导阶级像是教练而不是老板，而这里却没有什么等级制度，员工与最高管理层的距离为零。领导权、决策和执行是分散的，但团队成员之间是协调的。

8.4.1 平面度和流动性

人工智能的组织结构如表8.1所示。在传统的组织模式中，等级制度占主导地位，少数领导发号施令，其他人则紧随其后，而其他每个人都重复各自的任务，以服务于主要愿景。当然，传统的功能结构比无结构有优势。职能部门可以拥有更高的运作效率，因为具有共享技能和知识的员工可以按其执行的职能分组在一起，并且每个职能部门或小组都是专门化的。此外，他们可以独立于其他小组运作，而管理层起到的作用是职能区域之间的交叉沟通点。这种传统的功能结构相对无结构可以提高专业化程度。

表8.1 人工智能的组织结构

传统结构	人机结构
层次驱动	扁平的组织结构
自上而下的角色	流动扩散作用
一些主要领导人	跨职能团队
高度专业的团队	创业型自我管理团队
客户的很多看法	客户的一种看法
与高管的沟通距离	距高管零距离
与客户的创新距离	客户协同创造

然而，这种旧的模式存在着严重的缺点，它阻碍了组织在数字时代的运作能力，即不同的功能组之间可能无法通信。再者，这会降低组织灵活性，阻碍快速创新和对变化的快速响应，甚至，功能结构也很容易受到视野狭窄的影响。每个职能部门都从自己的参照系和自己的运作来看待组织，没有统一的愿景，员工就不能围绕着相同的目标团结在一起。

在旧的经济中，大公司生产较多相对同质化的产品。这种旧结构则非常有效。然而，在以创新、创造性地响应需求、快速沟通和对变化的适应为特征的新经济中，这种模式将不再奏效，旧的结构使得协同创造和快速创新几乎不可能发生。

直接地说，旧的组织方式在新时代的直接结果就是失败。新的组织模式对于一个组织保持竞争力和相关性的能力是至关重要的。世界之间的联系日益紧密，变化的速度加快，快速反应势在必行。

在海尔，等级制度已经被打破，中层管理人员几乎不存在，其目标是把公司变成一个扁平化的组织，为有才能的人提供一个平台，来生产以客户为中心的产品。海尔创造了一种扁平化的结构，在这种结构中，聪明的人拥有资源，可以毫不费力地创造并实现新想法。

员工在跨职能团队中扮演着不同的角色。团队是围绕共同的问题而创建的，而不是单独的角色和职责，团队的目标大于单个成员所能实现的目标。团队具有创业精神和自我管理能力，团队成员拥有共同的愿景，他们在结构上是流动的、进化的和开放的。当问题的性质发生变化，成员也随之变化，他们可以在预定角色之外执行工作以解决当前的问题，其中，团队的责任和决策是分散和协调的。成功的团队成员是那些采取行动使团队能够实现目标的人——他们是"改变者"。同时，团队是灵活和敏捷的，能快速地对数据做出响应，从而对客户做出响应。

海尔的结构将这一点验证得很好。然而，就结构而言，一刀切并不适合所有的情况。尽管我们认为领先的科技公司是突变的例子，但海尔、美捷步、谷歌和耐克都在朝着不同的方向突变。耐克有一个扁平的结构，但在基础矩形结构中有伪独立部门的划分。它们都在耐克保护伞下，保证品牌的一致性，但它们又是独立的，允许灵活地满足小众客户的需求。这种结构使执行决策的同时，而不会让客户参与的方法陷入传统的、更官僚的命令链中。

在谷歌，其组织结构的决定性特征是扁平化，以及强调创新和社会网络联系的开放的文化。在这里，可以很容易地与最高层的管理人员分享想法。这种结构支持公司的组织文化以最大限度地创新。在这里，企业文化是开放的，可以利用技术来共享信息，改善业务流程。

创新的文化促进实验和测试。它允许团队灵活地发展以解决问题，然后随着需求的变化而解散。尽管谷歌高度依赖技术，但它创造了一种支持人类需求的氛围，这是一个营造温馨社交氛围和家庭氛围的环境。谷歌脱离了传统的组织结构，创造了一种文化，使其在全球IT市场、云计算和互联网服务以及消费电子产品方面的创新能够取得卓越成就。

特斯拉首席执行官伊隆·马斯克（Elon Musk）表示，公司正在进行重组，以扁平化管理结构，其目标是使组织扁平化，以改善沟通，整合有意义的职能，并取消那些对我们的使命成功并不重要的活动。

8.4.2 多孔的边界，社会网络

在20世纪，企业的成功很大程度上是基于管理。然而，在21世纪，成功将建立在一个人的社交网络的力量上。这个社交网络是一个通过物联网（IoT）连接，客户、生产者和供应商组成的生态系统。这意味着企业不能再将自己视为与世界隔绝的实体。相反，它们必须以节点的形式运行，该节点是连接到所有事物的超大型网络的一部分。

我们不仅需要改变组织结构，使其从等级森严、层次分明的僵化结构转变为扁平化的，像变形虫一样流动的结构，以满足眼前问题的需要，而且组织的边界也需要变得多孔。更重要的是，企业现在可以通过与客户和供应商协同创造、众包和开放创新等方式来挖掘外部人才。多孔的边界允许组织从其环境中获取信息和情报。

商业教授亨利·切萨布鲁夫（Henry Chesbrough）创造了"开放创新"这个术语，其指有目的的知识流入和流出，分别用于加速内部创新和扩大外部创新的市场。这种方法与传统的垂直整合方法相反，即由内部的研发活动指导内部产品的开发，然后再由公司分销。

开放式创新为创新构建了一种新的方法，这种方法是分散式、参与式和分布式的，不分地域地挖掘出最佳的想法和最好的人才。这加速了突破性创新，降低了成本，缩短了进入市场的时间，并增加了市场的差异化程度。由于这些好处，越来越多的组织开始求助于众包来解决难题，通常是寻找最佳学科专家不断地激励他们，以尽可能少的协调成本吸引他们参与进来，并为实现公司目标而奋斗的愿望所驱使。

美国通用电气公司是实施开放式创新模式的一个很好的例子，其目标是通过众包创新来解决问题，让来自世界各地的专家和企业家通过合作来分享想法和解决问题。通用电气公司的项目之一是"FirstBuild"，这是一个共创的协作平台，它将设计师、工程师和思想家联系在一起，他们可以分享想法并共同讨论。FirstBuild 采用的想法侧重于通过创造新的家用电器产品来解决问题。接下来，通用电气的微型工厂将会开始生产 FirstBuild 的创意。协作平台内的成员可以获得能将他们的想法转化为实际产品的机器和工具，这就是开放式创新。

海尔已经超越了开放式创新的基本原则，创造了一个多孔的结构，实现想法可以从外部流入。它的理念是将实体与外部世界之间的传统界限打破，建立沟通平台，用于海尔、终端用户和外部合作伙伴（如设计公司）之间建立相互交织的联系，其结果是反馈阶段的快速沟通、新想法的培养和快速创新。客户通过应用程序连接在一起，他们可以定制产品，并实时参与产品的协同创造。

8.4.3　从集体主义到人单合一：一刀切不适合所有人

根据初始配置，扁平的组织结构和多孔的边界可能需要完全的重组。重组是一个公司做得最危险的事情之一。然而，一次成功的重组比其他任何努力都更能使一个组织在未来走向成功。这是一种颠覆性的、激进的举措，但总比继续修补、挣扎、做出不会创造战略优势的小调整要好，因为这些调整并不能创造战略优势，所有这些都只是在不可避免的过时过程中不断拖延。成功地避免翻船和赢得一场划船比赛是有很大区别的。

数字化时代要求重组的企业具备卓越的视野和完美的执行力。那些未能实现转型的企业将不会存在太久，因为很少有公司能幸免。它们将被收购，然后解散，除非你的公司是一个诞生于数字时代，具有有机流动结构的数字公司，否则很可能需要重组。对于传统行业中的传统公司来说更是如此，他们需要重新设计公司的DNA，因为遗留的IT系统和传统流程只会阻碍创新，如果做得正确，这意味着建立一个新的组织，而组织的适应只是DNA的一部分。

为了适应环境的变化，保持竞争力和不断创新，海尔进行了多次重组。在这个被传统白盒子定义的行业中，海尔真正做到了颠覆性的发展。2005年，随着互联网经济的发展，公司进行了一次重大重组，被称为"人单合一"，这意味着要拆分企业结构。

人单合一有三个主要特点。

1. 企业从一个封闭的系统转变为一个开放的系统，这个系统是由自治的微型企业通过企业管理平台连接起来的，它们能与外部贡献者之间自由交流。

2. 企业结构从传统的自上而下的等级结构转变为员工在创业团队中自我激励、积极贡献的结构。在许多情况下，他们甚至可以直接选择或选举团队的领导者成员。

3. 将对消费者的态度从一次性的产品购买者转变为产品和服务的终身用户，消费者甚至可以帮助产品设计，以最终提高满意度。人单合一模式旨在促进员工和客户之间的协同创造。

然而，海尔正计划再次重组，以证明适应是一种技能，而不是一次性的过程。正如海尔集团董事长兼首席执行官张瑞敏所说："成功的公司不再通过品牌进行竞争。相反，它们通过平台竞争，换句话说，通过独立企业之间的联系竞争，利用它们的交互操作技术和创造性努力实现联合。目前，另一个具有类似广泛影响的经济体即将出现。它围绕着物联网（IoT）展开，将嵌入传感器、机器人和人工智能等多种设备和人类活动互联。当物联网完全成熟时，成功的企业将以这种新方式竞争。"

为迎接下一波浪潮，海尔正计划围绕物联网经济进行重组。该公司正在开发从各种有利位置监测用户行为的传感器，无论是否植入到产品中，海尔都能对大量的客户数据做出反应。在中国，他们通过一个大规模定制平台将供应商联系起来，使从客户订购到交货的每一个生产步骤都自动化，并在使用过程中安排监控和服务。

Zappos则采取了不同的方式。2015年，Zappos实施了一种名为"合弄制"的新管理结构。合弄制是一种分散管理和组织治理的方法，其中权力和决策分布在整个组织中，由组织团队自主运行。合弄制是一种通过消除等级制度（即不再有头衔和老板）来鼓励合作的组织结构。在合弄制下，决策与责任分散在组织的团队中，而不是集中在组织结构的顶部。

"合弄制的主要思想是，它不是一个传统的命令和控制结构，没有传统的组织结构图。但员工们知道行动的号召是什么，公司的首要任务是什么，然后鼓励他们围绕自己感兴趣的特定类型的工作组织起来。"Zappos模式的成功在商业媒体上引起了激烈的争论，但是无论是从Zappos的所有者Amazon的角度还是从顾客的角度来看，它似乎都是成功的。

与人单合一一样，合弄制也有自己的原则，主要有以下三点。

1. 每个人都有责任了解自己的角色，了解如何与团队中其他角色相适应，以及这种角色可能会如何变化。

2. 每个人都有责任去领导和支持公司。

3. 每个人都有责任进行清晰、有效的沟通。

从本质上讲，合弄制是一种共享领导的概念。它使用一套规则和流程来检查和平衡，以指导、帮助组织实现自我管理和自我组织。与管理不同的是，它给了每个员工发声的权利。在合弄制的整个架构中，每个人都有责任了解自己如何融入组织，每个人都有责任去领导和支持组织。

无论是人单合一、合弄制还是其他组织结构，扁平化和流动性都是关键。

8.5 创业创新文化

除了适应能力和多孔性，人机共融体是一个有着创业和创新文化的组织。一个关键因素是刚刚已经讨论过的新的组织结构，它为跨学科团队产生想法搭建了舞台。它使人才和资源结合起来进行了前所未有的创新，让有聪明想法的人有资源去创造、测试和实现想法。创造和创新的自由必须渗透到组织的每一个方面。

组织文化是由对组织的社会环境和心理环境有贡献的价值观、行为和不成文的规则组成的。它是一种难以量化的人类特有的品质，是必须被感知和体验的东西。然而，在这个新时代，组织文化是决定企业成功的主要因素之一，领导者的责任就在于创造企业精神，培育创新文化。

8.5.1　创业精神

海尔认识到数字时代已经重塑了客户的期望，它必须要打破现状，才能参与竞争。在家电行业尤其如此，因为家电通常被视为是平淡无奇的，在创新方面发挥作用的空间有限的行业。为此，海尔创造了一种对客户需求反应强烈、不断培养新理念、迅速将创新带到市场的组织结构和文化。

海尔已经把自己变成了几个微型企业，就是把海尔的员工变成微型企业家，他们以一个创新的想法或产品为中心，经营自己的微型企业。他们对自己的业绩、预算、利润和亏损负责，并将作为海尔旗下的独立业务单位行事。从长远来看，海尔希望其中一些将成为独立的初创企业。

这无疑是一种大胆的商业模式，很少有公司敢效仿。我们不建议盲目模仿海尔，每个公司都应该选择适合自己的前进道路。关键是要遵循创业精神和创新精神，创造出适合你的组织的独特版本。

这对于传统公司来说是很难理解的，根据我们的经验，大多数公司都希望"跟随领导者"，模仿他人。然而，为你的公司创造一种结构和文化是至关重要的。世界上最大的番茄加工公司Morning Star就是一个很好的例子。该公司实行自我管理，每个人都是自己的CEO，工作上基本都是自主的。在Morning Star公司，自主权与责任、纪律齐头并进。在Morning Star没有任何类型的经理，员工不向老板汇报工作，他们互相报告，他们的工作是基于他们创建的同事担保书（CLOU）。像Zappos和海尔一样，Morning Star也创造了自己的品牌，拥有具有创造和创新文化的自我管理团队。

8.5.2 创新

史蒂夫·乔布斯（Steve Jobs）去世后不久，苹果公司新任 CEO 蒂姆·库克（Tim Cook）在一次采访中谈到创新时说："很多公司都有创新部门，而这总是一个错误的信号，当你有一个负责创新的副总裁之类的人的时候，就说明有问题了。你要知道，这就像在门上贴一个'出售'的牌子。"这在很大程度上说明了创新在人机共融体中是如何起作用的，又是如何不起作用的。创新需要成为一种持续存在的属性，而不是一个来去匆匆的事件。

蒂姆·库克（Tim Cook）在采访中接着说："创造力不是一个过程，对吧？是人们足够关心某事，直到找到最简单的方法。"蒂姆·库克表示，公司领导人的工作是建立一种文化，让人们更加关注自己的工作，而不是试图建立某种创新"程序"，徒劳地试图制定和规范创新行为。

谷歌的发展理念为："创新是每个员工的事业，创新可以发生在任何地方。"将创新作为组织的一部分，并不是要建立一个研发实验室，或者把精力集中在一群人身上。从谷歌的经验中可以知道，当你使创新成为人们日常思考、工作和互动方式中有价值的一部分时，创新就发生了。

在组织中，如何使创新成为每个人日常工作中有价值的一部分？根据谷歌的理念，关键是要确保他们具备创新工作场所的五个要素，即共同的愿景、自主权、内在动力、冒险精神和合作精神。

1. 共同愿景。每个人都需要一个清晰统一的愿景，谷歌为团队提供了模板来让团队制定适合他们的愿景。

2. 自主权。所有员工都应该被允许定义自己的工作以及工作方式，谷歌为员工提供了可以按照自己的节奏工作的空间。

3. 内在动力。聘用合适的人才至关重要，也就是聘用那些天生好奇和具有创业精神的人。

4. 冒险精神。员工不应该害怕犯错，这是失败正常化的过程。谷歌甚至还会举行预剖析讨论，即在新产品发布之前，员工们会讨论项目可能会失败的原因。失败应该被认为是正常的，因为没有失败就没有实验或创新。

5. 联系和协作。这是一个让员工自己寻找伙伴并组成团队一起工作的系统。建立联系和促进合作是一个公司能够从员工身上获得最大好处且最有力的策略之一。人们在解决问题时会相互影响，这种社会影响是有好处的。例如，通过社会学习利用现有的答案，可以提高解决方案的平均质量。

谷歌是数字时代的远见卓识者，在招聘和培养前沿人才方面，不断以最先进、最具创意的方式树立标杆。例如，该公司遵循"70-20-10规则"，即员工将70%的时间花在他们的标准岗位上，而每周中有一天用于开发他们的技术、技能和能使公司受益的项目，另外，每周有半天时间用于探索产品、业务创新以及培育新想法。

这种在职培训与课堂培训相比对员工的参与和发展至关重要。谷歌的方法不仅可以培养内部的分析人才，也可以吸引、选择和雇佣最好的分析人才。

以上例子说明创新可以成为公司文化结构的一部分。

8.6　自我意识

自我意识是根本的组织能力，也是人机共融的基本要素。在科技时代，自我意识对于一个组织的成功至关重要，因为它是组织快速适应变化的关键因素。在适应变化的过程中，一个组织必须拥有自我意识的机制，而自我意识与意向性密切相关。

8.6.1　组织的自我意识

组织的自我意识是企业作为一个系统的集体意识，它产生于在组织环境中工作成员的集体互动中。此外，它还受到内部因素的和外部因素的连接，即技术、管理反馈循环和组织学习等。没有了连接，自我意识就不会出现或发展。

　　自我意识既是内在的又是外在的。内部意识产生于组织系统中成员之间的紧密联系，而这个连接必须部署到整个组织，往往由领导者来确保这种部署。还有一种外部意识，即组织通过互联网络直接与外部实体联系，如客户和市场，如图8.2所示。

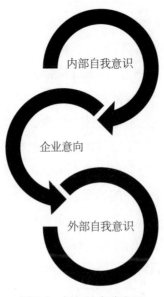

图8.2　组织的自我意识

　　回想一下尼克·博斯特罗姆（Nick Bostrom）对集体超智能（组织网络超智能，它是通向人机共融的路径）的定义。它是通过逐渐增强的网络和组织来实现的，这些网络和组织将个人的思想彼此联系起来，并与各种人工制品和机器人相结合。一个拥有丰富自我意识的人和人工智能网络的组织很可能成为超智能。

　　在传统的组织结构中，成员的意识通常受到其专门职能或部门维度的限制。在传统企业中，没有整体的组织自我意识，只能局限于孤岛的组织自我意识。技术提供必要的互联系统，在企业层面上创建了统一的视角和对内部事物和外部状态的认识和感知。因为，仅有技术是不够的，正是这种扁平化的、流动的、跨学科的、与客户和市场相联系的组织结构提供了这种整体视角。

8.6.2　意向性驱动：了解你是谁

正如我们所强调的，一刀切是不可能的。那么，公司如何知道哪条路是最适合自己的呢？作为一个组织，明白你是谁、你不是谁，在了解如何进行、采用哪些机器以及如何组织和集成等方面非常重要。

亚马逊和沃尔玛已将其技术重点放在改善供应链功能上；John Hancock、Capital One、CVS 和 Neiman Marcus 的目标是提高客户服务和归属感；英特尔瞄准的是产品和服务质量；诺华和雅虎则一直专注于研发。

导致差异性的原因是他们的意图、使命、愿景和战略的不同。未来的公司将不仅仅是随波逐流地获取技术，而是把机器的力量投入到与公司意图和目标一致的领域，以创造最大的竞争优势。为了不掉队而跟随领导者和模仿别人的做法是一个致命的错误，不是每个人都需要相同类型或水平的技术，或实现相同程度的工作成果。采用任何商业计划，包括技术，都需要有理由，并能支持公司的使命目标。

以同行业的制药公司为例。罗氏、诺华和辉瑞都是在研发上投入巨资的制药公司。他们投资于人工智能等技术，这些技术有助于加速药物试验和取样。与之相比，生产仿制药的制药企业，如梯瓦制药和诺华的仿制药部门山德士，利用技术降低生产和分销成本。每一组公司都知道自己在做什么，获取并利用技术来为自己提供支持。

在蒂姆·库克（Tim Cook）的领导下，苹果更新了其愿景："我们相信，我们来到地球上是为了制造伟大的产品，这一点没有改变。我们一直致力于创新。"他接着又说："我们愿意对成千上万个项目说不，这样我们才能真正专注于少数对我们重要和有意义的项目。我们相信我们团队的深度合作和互相交流能够让我们以别人无法做到的方式创新。"注意对成千上万件事情说"不"的那部分，意味着作为一个公司你要知道你是谁，并且只做那些支持自身发展的事情。该声明还关注企业与创新之间的协作，揭示了结构与目标的交集。不要为改变而改变；而要有战略性地应对竞争发展的压力。

领先的公司不会随意地在各处使用机器、技术和分析技术。他们将投资的目标锁定在有望创造最大竞争优势的领域，这是通过了解他们是谁和他们的目标来确定的。

8.7　精心策划突变：有思想的领导

如今的人工智能和机器系统比以往任何时候都更微观地进行感知和行动，它们被设计成不断进化的系统。事实上，今天的人工智能可以被描述为定向进化，因为这些系统的设计和构建包括动态自配置功能。

例如，在过去，计算机体系结构的设计是为了提供一个解决方案使配置系统最优化。现在的计算机体系结构被设计成具有动态自配置功能。这意味着新设计的算法能够根据不同输入内容动态地配置自己。这是一个自我调整的系统，它考虑了各种因素的反馈，如优化标准的改变，资源的可用性，和不断变化的市场机会。这意味着今天的计算机体系结构被设计成能够感知其所处的环境，并随着环境条件的变化而发展的结构。

虽然企业的自我意识是通过机器连接来实现的，但机器本身也在进化和感知，并且在某种程度上变得有自我意识。如今，只要想想在宝马等公司的汽车工厂中使用的协作机器人、人工智能和机械就知道了。这些工厂与过去的装配厂大不相同，所有的机器都嵌入了传感器、复杂的人工智能和计算机视觉功能。这些机器可以通过传感器"看到"它们的环境，"感觉"到材料，进行分析，采取相应行动，并时刻调整它们的行为。它们还可以通过复杂的人工智能进行学习、改进和适应。在一个精心设计的生产系统中，这些机器与人机共融体团队中的人类伙伴一起协同工作。

一个组织不会演变成一台机器，然后维持一个停滞状态。人机共融体是一个不断进化的企业。创造未来的组织结构可能需要重新设计公司的核心体系，需要一次大胆的颠覆。但是，这种级别的变化需要经过深思熟虑，根据我们的研究和与高管们的讨论，这里有一些普遍性的指导意见。

8.7.1　领导和失败

扁平和流动的组织结构并不能消除对领导的需要。事实上，没有领导的组织无法成功地实现人机集成。只有领导者才能看到巨大的机会，了解市场的发展，并具有洞察力地提出新颖的产品想法，提出愿景、战略、目标和成功之路。事实上，领导力在扁平化的组织结构中更为重要，因为如果没有强有力的领导力，扁平化的组织很容易陷入混乱。

领导者是制定战略并明确地阐述统一愿景的人，也是创建、支持组织变革或实现流程所需文化的人。只有领导阶级才能确保组织朝着正确的方向前进，并且确保组织资源分配以实现其目标。这包括在技术、人才招聘、培训和人才保留方面的投资，以及数字文化创建下的组织激励措施。

流动性允许创造，但它需要纪律来维持一个流动的组织，保持其坚定的使命和可持续地管理其资源。领导不仅仅是一个头衔，正如雷·戴利（Ray Dalio）在《原则》一书中所概述的那样，我们需要通过思想精英体制来鼓励领导。

领导层有责任确保公司具有正确的功能，并确保组织的激励、结构和工作流程是一致的。例如，英国零售商特易购从高层领导到整个组织都建立了强大的数据驱动思维。该公司已将各种以消费者为目标而收集来的客户情报集成到其组织的各个级别中。在亚马逊，杰夫·贝佐斯（Jeff Bezos）解雇了一群没有通过实验来确定是否会对顾客行为造成影响就改变了公司网站设计的网页设计师。正是这种领导才能确保公司的各级员工都与其使命保持一致。

领导者、培训者和变革推动者还需要创造一种没有后顾之忧的实验和创新的文化。在这种文化中，所有成员都乐于尝试可能会失败的事情，他们的目标之一是努力改变对失败的态度，以便在整个企业中树立一种冒险和创新的心态。角色塑造和行为示范是强有力的文化变革者，领导者自己应该大胆行动，模仿他们想看到的行为。

领导者应通过将决策重点放在实验和创新上来打破现状，而不是快速找到最佳解决方案，他们还应该庆祝并鼓励从失败中学习。不过，需要指出的是，这并不是工作不称职、做事马虎的借口。相反，它是一种以学科为导向的创新，在这种创新中，可以根据潜在的学习价值和严谨性来证明实验的合理性。

在不惧怕失败后果的创新自由和对自己的工作负责这两者之间，存在着一条微妙的界限。而这条界限在哪里，取决于领导者的态度。

哈佛商学院教授加里·皮萨诺（Gary Pisano）表示，"要容忍失败，就必须容忍无能，愿意尝试实验就需要严格的纪律。"这表明只有最有才干、最自律的人才才能胜任，苹果、Meta、亚马逊和其他公司对此抱有极高的期望。

事实上，尽管谷歌拥有一种员工友好型的文化，但它却是最难找到工作的地方之一，每年大概有超过200万的申请者竞争5000份职位。不过，像我们这样的普通人还是有希望的，但也不是每个人都能达到那个标准。大量的研究反复表明，天赋性的成功与智商、成绩或考试分数的关系非常小；相反，它关乎毅力、激情和自律。组织需要的是能在竞争环境中茁壮成长的人，而不仅仅是在标准化考试中取得高分的人。

8.7.2　制定长远目标

决定一个公司特定的结构应该是什么样，需要从长期愿景开始，并且由公司独特的意图和使命驱动。渴望变革的公司往往会把重点放在当前问题以及解决这些问题的方法上。而为这些问题开发解决方案，只不过是对现有体系进行"修补"。就像我们之前说的，防止船只倾覆不是它在划船比赛中的目标，其真正的目标是比赛中的竞争。与开发一个理想的愿景相比，渐进式的改进更为容易，但也很容易引发人们的抱怨，每个方法都有自己的优势，并都专注于找出直接导致摩擦的解决方案。从一开始，重新设计就需要由意图、使命和战略驱动。公司需要清楚他们在做什么，他们的抱负是什么，并且公司内的每个人都需要参与进来，远大的目标是当前事项的重中之重。

8.7.3　认清现状

一旦制定了长期愿景，并且提出了新的组织结构的概念，那么真正理解组织的当前状态就很重要了。这包括正式的、纸面上的组织层次结构和实际的组织层次结构，这两个组织结构通常有所不同。积极地了解公司的现状是精益系统的一个关键点，即在转向理想状态之前，培养对当前状态的理解。聪明的领导者还会遵循社会结构、与同事进行沟通交流，了解企业文化。另外，通常情况下，人们会假设事情的运行机制以及组织结构图，明确这些假设并对其进行事实核查。同时，需要了解人才的能力、当前的激励机制、弱点和优势。

8.7.4　分配足够的资源

成功实现突变的一个重要障碍可能是资源分配不足，这是一个必要而现实的提醒。核心结构的重组不仅要有书面上的组织承诺和支持，还要有足够的资金和人力资源配置。领导层需要考虑一些细枝末节的问题，如财务后果、税收影响和上市顺序，以确保有充足的资金来支持变革。这些准备工作将大大有助于降低风险，减轻董事会和股东的焦虑。

最近的一项研究强调了人力资源宽松配置的重要性，其在追求战略变革的过程中会对财务绩效产生积极的影响。从美国商业银行2002年至2014年的数据研究中发现，在追求战略变革的企业中，人力资源的宽松程度与绩效呈正相关，而且在财务宽松程度更大的情况下，这种关系变得更强。有发现指出，在变革中拥有额外的资金和人力资源是有帮助的。因此，要确保分配足够的资源来进行战略重组，即在体系中保持人力资源的宽松配置是值得的。

8.7.5　拥抱透明度

组织是人的集合，每个人都有情感、希望、恐惧和信仰。重建就是改变，而改变会带来的不确定性会让人感到不舒服。重组最重要的方面之一是不要把员工当作在组织中移动的齿轮，而是要满足他们的人类需求，因为人机共融是人性化的。

当员工缺乏对企业大背景的洞察力时，他们可能会将任何干扰视为威胁，并以警惕和充满不安全感的语调提醒其他人，只能通过自己狭隘的理解来解释。如果组织的每个部分对正在发生的事情和应该优先处理的事情有不同的结论，那么就会产生混乱。所以至关重要的是，对于正在发生的事情以及如何成为发展的一部分，整个组织的成员都要有相同的视角、洞察力和理解力。

8.7.6　从试点开始

为了避免混乱，安排和实施新颖的再造工作最好是先在一个小型的、有针对性的、精心选择的试点项目上进行测试，通常需要一个独立运营的单位或者部门来完成。这是一个有目的的实验过程，是成为一个完全集成人和机器的组织的最佳路径。这种方法明显不同于在没有预先测试的情况下为企业推出一个完整的计划，而且该方法可能更有效。

选择几个高潜力的领域进行试验，然后迅速扩大规模，可能是"测试中学习"的最有效方式。尤其是对大公司来说，从小项目中创造价值会更容易，而不是直接跳到重组整个组织。有针对性的项目能够帮助公司了解什么是可行的，并开始发展自身能力。美国加州的凯撒医疗就是一个例子，该公司最初将分析和实施工作集中在一个部门，通过创建特定的疾病登记处和面板管理解决方案，重点关注患有长期疾病的患者。这种集中的方法比全面的人工智能改革带来了更快的响应速度。

选择的试点项目不是随机的，这一点很重要。相反，它应该由战略驱动，并理解竞争优先级对组织的重要性。这就是为什么像在考虑大的变化时，沃尔玛这样的公司首先关注供应链功能，而尼曼公司则更关注客户归属感的原因。虽然这只是一个试点项目，但仍需给它分配资源，试点项目使学习成为可能。首先，在小范围内测试并且实施产品和过程的变更，一且这些被验证，就可以在整个组织中扩展实施。这可能意味着不同的部门变成了单独的"人机共融体"，每一个都略有不同，因为他们服务于不同的组织目标。

8.8　小结

在所有组织功能中都可能存在协作的人机伙伴关系。认知计算模仿了人类的智慧，是一种自我学习。在客户方面，它用于改进客户服务，如在保险行业中，它们响应客户查询需求、提供呼叫中心协助、进行承保和提供索赔管理；在供应商方面，认知计算被用于自动采购，甚至可以解决订单和交货时间之间的简单纠纷问题。人与机器之间的这种协作伙伴关系正在不断发展，整个组织中的实体之间有着复杂的相互连接，从而使企业具有自我意识。

领导阶层应该培养创业精神和创新的文化，通过重组，创建一个像变形虫一样的扁平和流动的企业，该企业能够持续适应环境压力。企业多孔的边界有利于进行开放创新和协同创造。组织的意向性是企业的使命，企业在世界上的目标是服务于形成的、统一的原则，而不是任意的结构或层级。

创建一个向"人机共融体"突变的技术生态系统，可以通过叠加内部能力，或者与供应商建立信任联盟来做到这一点，这是一个战略决策。无论哪种方式，目标都是确保公司拥有客户关系管理（CRM）和企业风险管理（ERM）平台，能够访问大数据和丰富的云计算资源。如果你能把人工智能叠加在这一堆东西上，你就能最大限度地利用它。

回想一下，尼克·博斯特罗姆（Nick Bostrom）曾表明组织网络超智能是可以想象的："一个基于网络的认知系统，由于计算机功能和除一种关键成分外的所有其他爆炸性增长所需的资源已经饱和，当最终缺失的成分被扔进坩埚时，它可能会迸发出超智能。"这就是人机共融的希望。

第9章

Chapter 9

关于人机共融的"反思"

> 人工智能一点也不人工。它受到人类的启发，由人类创造，最重要的是，它影响着人类。机器是一种强大的工具，我们只是刚刚开始理解，而这是一种深刻的责任。人工智能的价值观就是人类的价值观。
>
> ——李飞飞
> 计算机科学教授，美国国家工程院院士，
> 斯坦福大学人工智能研究所副主任

> 我为一门新学科——"人类学"——制定了一个框架，其目标是培养我们人类独特的创造力和灵活性。它建立在我们的先天优势之上，培养学生在一个智能机器与人类专家一起工作的劳动力市场中竞争。
>
> ——约瑟夫·奥恩
> 美国东北大学校长

9.1　找到组织的灵魂

还记得百视达在美国奈飞公司推出流媒体视频业务仅3年后就申请破产吗？当苹果掀起了智能手机的革命浪潮，而像诺基亚、索尼爱立信和摩托罗拉这样的老牌公司却站在一旁，看着砖头手机的市场份额不断被侵蚀的时候，接下来情况又如何呢？硅浪潮席卷了各行各业。

在数字时代，老牌公司接连关门的消息已不再令人惊讶，但这些都是令人警惕的故事。许多现有的公司明白数字化转型正在向他们袭来，变化发生得又快又频繁，要突变，必须重新设计公司的DNA。

2014年，萨蒂亚·纳德拉（Satya Nadella）被任命为微软的首席执行官，他进行了一次重大的组织重组，紧接着在2016年又进行了一次。有些人可能会认为，这些改变是激进的，但也可能挽救了该公司在排行榜上的位置。公司内部被分割，如公司产品部门内部竞争激烈；每个人都在争夺关注；员工的敬业度和士气都很低，而且最重要的是，员工缺乏使命感。

在这次震撼性重组之前，微软专注于打造智能云平台，并创造了更多的个人计算机。纳德拉宣布了一个新使命，那就是让这个地球上的每一个人和每一个组织取得更多成就。2016年，微软重组并产生了一个综合的人工智能公司，负责在整个微软产品线中进行人工智能创新。人工智能将成为一股统一的力量，为微软内部中曾相互对立的各个工作组创造一种新的使命感。此后，微软宣布向OpenAI投资10亿美元，以深化其对人工智能伦理这一"登月"理念的承诺。

以下是微软在重组DNA方面的一些经验。第一，这些变化是由任务驱动的。第二，重组的目的是把人聚集在一起、联系在一起、整合在一起，让人成为核心，而不是技术。第三，重组是大胆的、具有破坏性的，而不是渐进式的转型。第四，重组不是一次性的，它可发生多次。因为随着需求的改变，组织也应该改变。第五，公司以公开透明的方式向每一个员工分享公司的使命和过程。

之后纳德拉又回忆了自己的思考过程："我们挑战自己，思考我们的核心使命，我们的灵魂，如果我们消失了，我们会失去什么。我们也问自己，我们想要培养什么样的文化，能够使我们实现这些目标？"

对组织"灵魂"的关注，以及注意这与员工在工作中价值感是怎样紧密地联系在一起，这种顿悟是点燃微软人工智能革命的火花。

9.2　基础

我们已经为人工智能及未来的组织奠定了基础。为了筑牢人工智能发展的基础，我们仔细梳理了最新的研究，并与企业高管进行了交谈。我们开始这段旅程时，被人工智能的能力和对未来的展望所吸引。毕竟，人工智能正在创造奇迹，如从驾驶汽车到识别癌症，整个全球经济都能听到硅浪潮的咆哮声。

然而，对我们来说，这段旅程带来了一个发人深省的结论，即所谓的"技术时代"需要成为一个人类时代，在这个时代，我们关注人体工程学中的人为因素，独特地培养人类的技能，如情商、关爱、直觉、趣味和美学，并使我们的机构更人性化。科技虽然重要，但不能成为我们唯一的关注点，以免我们变得没有灵魂。相反，把大数据、计算和人工智能放在基座上，而忽视人类的基本需求和培养人类人才，即使不会导致世界末日，也会导致企业失败。

我们想要说明的是，尽管我们引用了 Meta、谷歌、亚马逊和苹果来展示人工智能的特性，但我们不愿将它们中的任何一个描述为人工智能。关于这些组织如何利用自己的力量获得道德上的尊重，即使他们战术上值得效仿，我们对此依然有太多的道德忧虑。纽约大学斯特恩商学院的斯科特·加洛韦（Scott Galloway）教授在他的书《互联网四大：亚马逊、苹果、脸书和谷歌的隐藏基因》中将这些公司描述为启示录的"四骑士"。

想象一下，一家拒绝缴纳销售税，对待员工态度恶劣，毁掉数十万工作岗位的零售商，却被誉为商业创新典范；一家对联邦调查人员隐瞒国内恐怖主义行为信息的电脑公司，得到了一名粉丝的支持，该粉丝认为该公司类似于宗教；一家社交媒体公司会分析你孩子的数千张图片，把你的手机当作监听设备来激活，然后把这些信息卖给财富500强公司；一个广告平台在某些市场上占据了媒体最赚钱领域90%的份额，但却通过积极的诉讼来避免反竞争监管。

全世界都能听到这样的叙述，但都是悄声的。我们知道这些公司不是仁慈的公司，但我们邀请他们进入我们生活中最亲密的领域。我们愿意透露个人的最新消息，并知道这些信息会被他们用来盈利。我们的媒体将经营这些公司的高管，并将他们提升为英雄一样的值得信任和效仿的天才。我们的政府在反垄断法规、税收，甚至劳动法方面给予他们特殊待遇。投资者哄抬他们的股票，提供了几乎无限的资本来吸引最优秀的人才。

那么，这些实体是神、爱、性和消费的"四骑士"吗？还是启示录中的"四骑士"？两个问题的答案都是肯定的。

这些公司是如何积聚起如此强大的力量的？一个无生命的、以盈利为目的的企业怎么会在我们的心灵中变得如此根深蒂固，以至于它重塑了一个公司可以做什么和成为什么的规则？史无前例的规模和影响力对未来的商业和全球经济意味着什么？他们是否注定会像之前的其他商业巨头一样，被更年轻、更性感的对手所取代？或者它们已经变得如此根深蒂固，以至于没有个人、企业、政府或其他有取代的机会？

尽管"四骑士"已经为重塑我们的生活做出了努力，但我们并没有要求它们这么做，也没有在它们的文化中注入强烈的自律意识，更没有让它们受到美国联邦和美国各州检察官的少量监督。

尽管适应不断变化的技术很重要，但关注点必须放在企业中人的因素上，以及人类利用机器成为更好的自己的过程上。

基于研究，我们得出以下结论。

第一，组织的成功将完全落在人的肩上，而不是机器的肩上。创造力、创新、实际的解决方案等等只能来自人类的创造力，而企业和社会的生存离不开创造力。

第二，企业的成功将来自于开发更好的流程，而不仅仅是采用新技术。还记得卡斯帕罗夫定律吗？正常的人+机器+更好的过程优于单独的强大的计算机，更优于强大的人+机器+较差的过程。光靠顶级机器是不够的。只有人与机器的融合才能取得成功，而不是机器取代人。

第三，机器不会完全掌握人类的全部能力。汉斯·莫拉维克（Hans Moravec）的悖论告诉我们，机器所精通的，正是人类所追求的，反之亦然。例如，高层次的概念推理对机器来说只需要很少的计算能力，但是低层次的感知运动技能——我们蹒跚学步时所做的事情，以及我们在漫游世界时认为理所当然的事情——对机器来说需要大量的计算资源。我们没有理由认为莫拉维克悖论在未来会变得不真实。

第四，机器不会取代人类，而是应该增强人类的技能。技术将变得不可或缺，它将帮助人类茁壮成长，更好地完成人类任务。机器将帮助改变人类工作的性质。这可能意味着，在合适的人才被培养出来之前，紧急职位将一直空缺，而不是减少该工作岗位。人类必须做好准备，以便有资格迎接新的机遇。

第五，企业的成功将来自于对人才的投资和对人类知识的保护，而不仅仅是技术的升级。显然，公司需要对技术进行投资，而机器也将继续发展。然而，成功需要建立人才组合，保存机构知识并创造终身学习的机会。你永远不会看到一家律师事务所通过解雇所有资深律师而获得成功，因为在以知识为基础的职业中，资深从业者通常意味着宝贵的机构记忆。

第六，人类需要不断地发展他们的技能。我们必须培养独特的人类技能，如创造力、关爱、伦理判断和审美能力，终身学习将成为新常态。

第七，正如我们在本书开始时提出的：企业只能在组织层面上获得超智能。这个超智能企业就是人工智能，我们不必要在未来实现它，我们现在就可以创造集体超智能（正如博斯特罗姆所定义的），通过使用正确的过程（符合卡斯帕罗夫定律），将人类天赋与机器能力（解决莫拉维克的模仿）结合起来。

9.3 人类真的越来越聪明了吗

1969年的计算机与今天的计算机看起来大不相同。当时的计算机体积大到占了政府大楼的整个地下室，而今天只需要巴掌大的计算机就能实现同等的计算能力，实际上，当喇叭裤开始流行时，我们才刚刚开始使用计算机。自20世纪60年代以来，除我们的时尚意识之外，人类还发生了很大的变化吗？

英国发育生物学家约翰·戈登（John B. Gurdon）在《皇家医学会学报》中写道，我们有充分的理由相信新石器时代的人和我们一样聪明。我们生活方式的差异是因为我们得到的信息更广泛。我们储存的是收获事实的能力，再通过口头传播给他人，这是一种改进。

这是一个令人震惊和沮丧的论点。现代人和穴居人之间的真正区别在于人为增强的记忆库。从石碑到印刷机，到USB驱动器，再到云存储数据的能力，并不是人类智能的进化。可以这么说，我们是站在巨人的肩膀上，因为我们能够借鉴前人的经验，并应用到今天的问题上。几个世纪以来，我们一直在使用"人工"情报，即通过将可操作的情报存储在我们的头颅之外，1962年，爱丽丝·卡尔顿（Alice Carlton）博士说："几乎没有证据表明，过去4000年来，人类的智慧已经发生了重大变化。"

也许人类的智力是一个相对稳定的量，但扩展、应用和强化智力的机制却处在变化之中。换句话说，人类智力本身可能是固定的，而补充这种智力的工具却可以持续改进。如果这是真的，这确实阻碍了博斯特罗姆通向超智能的生物学路径。正如我们提到过的，通向超智能的组织网络路径才是最有前途的，这是我们从印刷业和企业法人诞生以来一直在走的道路。

戈登指出，人类生活和社会中巨大的物质进步使我们相信，我们的智力也有相应的增长。值得注意的是，从医学角度讲，我们的身体在此期间没有明显的进步，我们的智力也没有。此外，这些社会进步实际上根本不是智力的衡量标准；相反，智力体现在人类的行为中。距今已有4000多年的历史，人类有着令人难以置信的壮举，这些壮举使人类得以生存和发展，从而使今天的我们站在这里。尽管现代人类作为一个集体组织起来要聪明得多，尽管作为一个物种，我们的能力有所提高，但孤立地看，普通的现代人类可能比一千年前的普通人类更笨、更弱、更缺乏智慧，作为个体，我们在许多方面萎缩了。

相对于蒸汽机或计算机的发明（两者都是在人类历史中带来颠覆性范式的发明），戈登问道："它们中的任何一个都比发现回旋镖所需的设计更巧妙吗？"人们发明了一种自动飞行武器，该武器可自动回到它的主人的手中。这种飞行器没有计算机辅助设计、没有机器工具、没有飞行模拟器、没有图纸、没有建模，只有他的手、就地选取的原材料、试验和错误、决心、对游戏的喜欢和一种强烈的自我保护的本能。

通过追溯西方文明的历史，戈登认为，我们今天所看到的知识积累，实际上是人类学会保存和传播知识的结果，而不是我们天生智慧的增长。人类花了很长时间来学习如何保存和传播我们获得的知识。但是，一旦知识保存和传播的手段得到发展，新的进步很快就会基于先前的基础上而产生。因此，今天的发明是几千年知识的积累。例如，飞机或电脑并不是作为一个新的实体被发明出来的，而是记录在世界各地成千上万份文件中的许多发现的总和。

在知识的快速保存和传播方面，没有什么比计算机贡献更大了。戈登指出，1969年，计算机可能将人类推向一个临界点，即可用知识的数量可能超过人类处理知识的能力，事实上，我们已经越过了这个临界点。正是因为有了机器，人类现在才能够访问我们以前无法访问的海量数据中的知识。自然语言处理和大数据分析可以让计算机瞬间浏览数十亿页文档，精确地搜索并突出显示我们所寻找的内容。

尽管人工智能给我们提供了回答问题的分析能力，已经成为知识的共同创造者，但我们人类仍然需要提出问题。

9.4 强大的力量会带来巨大的伤害

我们已经跨越了一个门槛，改变了人类和用于获取、保护和传播知识的工具之间的力量平衡。在人工智能、大数据分析和客户关系管理系统出现之前，我们使用印刷材料、名片、书籍、计算器和基础计算机来存储和创造知识，而开发新知识完全取决于人类。今天，机器是知识的共同创造者，它们将不可避免地（即使是无意地）以微妙而深远的方式塑造我们的未来。这些机器的共同创造者的处理能力远远超过了人类，而我们越来越无法验证或检查这些能力。

市政府领导正将城市转向智能城市，从红绿灯到电网的基础设施都是由智能软件运行的。房主们正转向智能住宅，从家庭安全到由人工智能经营的杂货，一切都是智能的。企业和个人正在将人工智能整合到长期和短期的战略和日常决策中。人工智能正在塑造我们的生活和工作方式，塑造我们的社会和环境。

如今，人工智能算法为特定的组织任务过滤、排序和分析大量数据。不过，人工智能可能很快就会参与到对全球和社会造成影响的决策中来。有了人工智能，从发明到其产生影响之间的时间可以非常短，压缩了教会机器如何执行任务到将这些机器推向劳动力市场之间的时间。

在过去的十年里，我们开始使用智能机器来完成改变人类生活轨迹的任务。人工智能帮助人们决定哪些治疗可以用于病人；谁有资格申请医疗补助；谁有资格申请人寿保险；是否对罪犯定罪，如果是的话，如何设置他们的监禁时间；申请人是否得到一个工作面试的机会等。

谁能得到医治，谁能得到保险，谁会因为不当行为受到惩罚，谁能得到经济机会，这些都是生死攸关的决定，我们正求助于人工智能来为我们做出这些决定。

人工智能正在迅速发展，其权力若没有制衡或治理可能是危险的。想想看，亚马逊在发现了其招聘软件会对含有"女性"一词的简历进行筛选后，不得不放弃了它的人工智能招聘软件。这家以技术和数据驱动决策为傲的公司意识到，在给软件开发人员和其他技术职位的候选人评分时，新系统并不是不分性别的。

亚马逊的软件经过训练，可以通过观察十年间提交简历的历史来筛选应聘者。由于这个领域的男性化程度很高，所以绝大多数申请者都是男性。同时，该算法了解到男性候选人更可取。因此，任何一份包含"女性""女性的"等字眼的简历，都会被认为是"女性"（如女子象棋俱乐部），会自动被系统筛选降级。

这些类型的问题可以被发现并改正，然而，若人工智能完全接管决策，这些类型的问题可能会嵌入到算法中，可能不容易被发现，并可能永久影响社会。

斯坦福大学教授李飞飞认为，这个领域需要重新校准。她相信，如果我们对人工智能的设计方式以及人工智能的工程师做出根本性的改变，人工智能就会成为一股有益的力量。否则，它可能会对人类产生非常负面的影响。

李飞飞说："人工智能一点也不人工。它受到人类的启发，由人类创造，最重要的是，它影响着人类。机器是一种强大的工具，我们只是刚刚开始理解，而这是一种深刻的责任。人工智能的价值观就是人类的价值观。"因此，只要我们存在偏见，人工智能系统也将存在偏见，就像李飞飞说的，"输入偏见，就会输出偏见。"

凯西·奥尼尔（Cathy O'Neil）写了一本关于人工智能和机器学习如何产生偏见的畅销书，书名为《算法霸权：数学杀伤性武器的威胁》（她称之为 WMDs），她的呼吁行动值得人类考虑。她的书中列举了公共教师评估的错误，司法系统的不公平，以及由于向人工智能提供不公正数据而导致的产品和服务的偏见。

人工智能的偏见通常会加剧非理性偏见，这是不道德的，并会导致愚蠢的决定。非理性的偏见是人性最恶劣的特征之一，在人工智能中是不存在的。当我们需要人工智能接管工作时，我们需要负责任地训练它。

人工智能的另一个问题是大量数据被收集后，由信任营利性企业来管理消费者隐私和安全，更不用说存在恶意第三方入侵的风险。巨大的前所未有的数据和信息交易、感知和跟踪，包括正在收集客户移动电话数据。由于每个人都盲目地通过最终用户许可协议（EULA），数字平台接管了我们的经济，这些事情几乎是一夜之间发生的。

在向所有人推出EULAs之前，我们从未停下来思考一些基本的问题，即我们应获准收集哪些资料？公司应该如何保护这些信息？企业应该如何应对数据泄露？这些都是必须诚意解决的问题。

数据收集过程通常没有与特定的企业目的挂钩，它只是不加选择地收集起来，再被拉进大型科技公司贪婪的胃里，而没有足够的保护措施。数据通常不容易匿名，艾奎法克斯、雅虎、优步、Meta和塔吉特的黑客入侵表明，即便是最大的公司，它们的客户和合作伙伴也容易受到黑客攻击。联邦和地方法律、适当的治理结构、认证和审计都是解决方案的一部分，但在黑客技术方面这些公司却远远落后。

另外，人工智能有可能被武器化，通过传播虚假信息和故意挑拨离间，对个人、组织和整个社会造成伤害。这是机器算法让我们逐渐失望的一种有害方式，也就是说，在算法让虚假信息或假新闻在社交媒体平台上走红之前，我们无法发现它们。由机器人驱动的谎言有可能扰乱全球经济。假新闻在算法策划的社交媒体平台上传播的速度已经从负面影响了用户对真相的看法和对实际信息的解读。

深度造假视频被用来歪曲政客和名人，有可能造成巨大的破坏。想象一下，散播一段公司CEO的假视频会对公司股票造成怎样的影响。正如乔纳森·斯威夫特（Jonathan Swift）所说："谎言飞逝，真理一瘸一拐地跟在它后面。"更别提恶意软件危害电网所带来的网络安全风险。

这些人工智能引发的风险如何影响企业？有偏见的人工智能破坏社会，导致完全次优的决策。数据泄露可能会破坏商业声誉，"高仿赝品"也一样。公司能做什么？谷歌云聘请了一名道德咨询师，希望能确保它正在开发的人工智能是公平和道德的。微软建立了一个国际道德委员会，它甚至拒绝与该机构提出的有道德问题的潜在客户做生意。微软表示，它也开始限制人工智能技术的使用，甚至出于道德原因禁止了一些面部识别应用。

在解决算法问责方面，还有其他各种尝试。例如，机器学习中的公平、问责和透明度（FAT/ML）社区，其目标是将越来越多的研究人员和从业者聚集在一起，关注机器学习中的公平、问责和透明度。而 FAT/ML 是一个由生命科学、科学社会学、科学历史和哲学、社会学、应用伦理学、法律和计算机科学中多学科研究人员组成的团体。

FAT/ML 列出了有道德地使用人工智能的五项原则，即责任、可解释性、准确性、可审核性和公平性。

这些原则的目标是 "以对公众负责的方式帮助开发人员和产品经理设计和实现算法系统。在这种情况下，问责制包括报告、解释或证明算法决策的责任，以及减轻任何负面的社会影响或潜在危害的责任。"

人工智能和技术发展中的创造力必须与诚信、价值观、治理、政策以及不当行为产生的法律后果相协调。这些问题都需要由行业、消费者、政府监管机构和大学研究人员共同提供适用于公共政策的解决方案。

我们需要在人工智能周围设置护栏，以确保它不会对人类存在偏见，确保数据是安全的，确保我们免受深度造假和人工智能武器化的伤害。我们需赶在问题发生之前避开它，因为人工智能带来的风险可能是不可逆转的。

9.5 发挥我们的优势

发挥我们的优势意味着围绕着人工智能、神经网络和不可模仿的人类独特的技能来设计作品。它需要识别和开发这些能力。它要求企业投资人力资源，而不是仅仅投资技术。它要求大学改变课程设置，开发新方法来创造 "机器证明" 的教育。最后，每个人都要接受这个时代需要终身学习的理念。

同时，不要过分地迷恋技术和人工智能的能力，将其广泛、深入、浅层地部署，以至于在热情中忽略了保护自己和使机构免遭其武器化的方法。不要忽视赋予自身价值并培养我们的能力（区别于机器）是多么重要。

要想在这个新时代茁壮成长，就要发挥我们的优势。每个人都需要具备数据素养，然而，并非每个人都需要成为数据科学家，不是每个人都需要成为定量专家或技术人员。事实上，我们认为，现在应该比以往任何时候都需要强调和发展来自人类学和人文学科的技能，"人机共融体"也需要雇佣哲学家和艺术家。人类不应该变得更像机器，而是需要果断地揭示人类自身的意义并发挥这些优势。

计算机科学家迪利普·乔治（Dileep George）是旧金山一家人工智能公司Vicarious的联合创始人，他很好地描述了人类智能的范围，"我们人类不仅仅是模式识别器，我们还为我们所看到的事物建立模型，这些都是我们了解因果关系的模型。"人类凭直觉适应环境条件的微小变化，并伴有细微的代偿行为变化，这些是人工智能无法拥有的行为案例。

一方面，人工智能的实验揭示了高度智能的行为，但是人工智能可能会被一些人类认为简单的事情所困扰。例如，Vicarious训练了一个人工智能来玩一个叫作"Breakout"的Atari游戏，即一个球被弹到砖墙上，人工智能学得很快，打得很好。然而，当游戏稍微调整一下，比如把球拍举高一点，这个变化对于人类很容易识别和判断，但是人工智能却难以适应。

人类的智能超越了模式识别。人类从事推理的过程为：做出逻辑推理，运用"常识"假设，进行类比，并对类似情况进行推断。我们了解反事实，并能将抽象知识融入我们对世界的理解中，我们也可以总结归纳。如果我们知道如何演奏一种乐器，比如吉他，我们就可以运用这些技巧快速学习另一种乐器，如竖琴。如果我们知道如何驾驶汽车，我们可以很容易地将其转化为驾驶拖拉机或卡车。许多试图将人类基本理性编程到机器中的尝试都被证明是极其劳动密集型的，即使使用暴力编程的常识（如"水是湿的"），所获得的收益也是缓慢的，即使是很小的变化也会混淆算法。

这种权衡说明了莫拉维克悖论的持久力量。我们可以通过发挥我们的优势来解决这个矛盾，我们不要试图像人类一样教机器，也不要像机器一样教人类，让我们拥抱差异，利用过程来展现我们最好的特性。

那么人类最擅长的是什么呢？尤瓦尔·诺亚·哈拉里（Yuval Noah Harari）教授在他的《智人》一书中告诉我们："智人统治世界是因为它是唯一能够相信纯粹存在于自己想象中的事物的动物，如神、国家、金钱和人权。"这告诉我们，人类进化至今，是因为想象力是创造力的根源，当有人诽谤想象力，认为它是空想的东西，没有价值，那他们就大错特错了。想象力给了我们人性，想象力是文明的基础，没有它，文明就会崩溃。

9.6 "人文主义"："人机共融"劳动力的教育

美国东北大学校长约瑟夫·奥恩在他的《不惧机器人：人工智能时代的高等教育》一书中介绍了一门新的教育学科："人文主义"。奥恩认为，人文主义的目标是"培养人类独特的创造力和灵活性。"它建立在我们的先天优势之上，他还准备让学生在一个劳动力市场上竞争，在这个市场上，聪明的机器与专业的人类并肩工作。人文主义有两个维度。第一个维度是人文教育所包含的独特内容，第二个维度是独特的认知能力。

在内容方面，我们需要"新文学"。在过去，阅读、写作和数学方面的识字能力是参与社会的基础，即使是受过教育的专业人士也不需要任何熟练技术，只需要知道如何点击和拖动一套办公室程序。未来，毕业生需要在原有文学基础上再增加三项——数据素养、技术素养和人文素养。这是因为人们再也不能在数字化的世界里仅仅使用模拟工具而茁壮成长，他们的生活和工作处在源源不断的大数据、具有连接性和即时性的信息流中，这些信息来自他们设备的每一次点击和触摸。因此，他们需要数据素养来阅读、分析和使用这些不断上升的信息潮流。技术素养为他们提供了编码和工程原理的基础，因此他们知道他们的机器是如何运转的。最后，人文素养教会他们人文、交流和设计，让他们在人类环境中发挥作用。

在人类学的认知能力方面，我们需要更高层次的心理技能。

第一种是系统思维，即从整体上看待一个企业、机器或主题，它是以一种综合的方式在其不同功能之间建立联系的能力。第二种是创业精神，它将创造性思维运用到经济领域，通常是社会领域。第三个是文化的灵活性，它教会学生如何在不同的全球环境中灵活地操作，并通过不同的，甚至是相互冲突的文化视角来看待各种情况。第四种能力是文科节目的陈词滥调，即批判性思维，它灌输自律、理性分析和判断的行为习惯。在人文教育议程上，我们基本同意奥恩的说法，这将为"人机共融"劳动力的培养做好生源准备。

正如知识创造和保存对于人类生存和进化至关重要，企业也是如此，企业需要保存知识的。在寻找具有技术、技能的新员工（如编码员和分析师）的过程中，越来越多的公司放弃了年长、有经验的员工，那些头发花白的人是那些深谙以往失败、行业趋势和周期以及斗争经历的人。管理层需要找到一些方法来获取和保存劳动大军中老年人来之不易的知识。

领域知识和经验是宝贵的。尽管如此，许多公司都在挥霍他们最有力的武器，那就是他们的人才。这个做法是为了削减员工成本，以增加短期收入，这是一个愚蠢的策略。

深度分析人才的短缺是公司需要培养的领域，但他们仍需要保持经验领域的专业知识。因此，企业可能需要专注于提高现有人才的技能，派遣员工参加大学课程，或让学院教师提供"内部"培训。还有一些新的应用程序，可以帮助将分析集成到决策中，并打破员工对机器辅助决策的抵触情绪。施耐德国家航空公司使用模拟游戏来传达分析思维在调度卡车和拖车中的重要性。游戏的目标是最小化成本，同时最大限度地延长驾驶员的上路时间。玩家在决策支持工具的帮助下做出决定，如是接受货物还是移动空卡车，公司利用这个游戏帮助员工理解、分析决策辅助工具的价值。

最终由人类在基于分析的情况下来做决定。人类消化和理解数据的能力有限，分析可以极大地帮助人类决策。组织应该使用应用程序来帮助个人和团队从算法中综合信息。例如，更复杂的可视化技术、算法和仪表板可以让人们看到大数据集中的模式，从而帮助揭示相关度最大的见解。换句话说，从不需要成为一个数据科学家也能从分析中获益。当然，如果你缺乏毅力、纪律、激情、创造力、情商、自我意识、关心和道德信念，那么分析能力和技术能力就毫无价值。

9.7　对未来工作的思考

麻省理工学院《斯隆管理评论》与波士顿咨询集团（Boston Consulting Group）在 2018 年的合作中，就商业中的人工智能这一主题对高管进行了一项全球研究。基于人工智能理解和采用的相对水平，一项来自世界各地的 3076 名企业高管的调查结果显示，企业分为四类，分别是开拓者、调查者、实验者和被动者。

- 开拓者对人工智能工具和概念有着广泛地理解和采用，他们在将人工智能纳入产品和服务以及在内部流程方面处于领先地位。
- 调查者了解人工智能，但采用率有限，他们正在寻找，但尚未跃跃欲试。
- 实验者采用了人工智能，但对人工智能的理解有限，他们在实践中学习。
- 被动者对人工智能的接受和理解有限，他们处于次要地位。

综上所述，大多数企业都在积极地从事关于某种形式的人工智能研究和实施。当然，这些数字在很大程度上取决于研究样本的组成，而且它们可能会随着时间的推移而改变，但我们可以从这项研究中得到一些启示。

研究报告发现了四个主要模式。

第一，开拓者们正在通过增加对人工智能的投资来加深对人工智能的承诺。如果沿着这种趋势持续下去，这一群体的领导者很可能会脱离竞争。

第二，人工智能的应用正在从解决方案的离散性发展到孤立的问题，再到可扩展的企业级解决方案。换句话说，人工智能的应用可以从战术上开始突破，如通过应用机器学习来解决操作问题。一旦在部门层面上取得了令人印象深刻的成功，领导层就会将目光投向企业层面的战略应用。这意味着要注重发展系统能力，而不仅仅是从人工智能战术到人工智能战略上找解决方案。

第三，开拓者们更多的是关注创收，而不是节省成本的人工智能应用。可能是因为在第一阶段中，人工智能更容易获得成本的支持。易于记录的成本节约是获得进一步投资支持的经典方式。但我们发现，除最被动的组织外，所有组织都预计人工智能将在创收方面获得最大的回报。换句话说，人工智能可以帮助我们创造价值，而不仅仅是避免成本。

第四，人工智能同时增加了员工的恐惧和希望。人们在人工智能是否会导致整体失业或就业增加的问题上，倾向于意见分歧平均，然而，当我们考虑受访者在其组织中的职位时，就会出现一个鸿沟，即级别越低，他们越觉得自己暴露在机器外包的不利因素中。因此，管理者需要通过重新培训、变革管理和沟通来解决员工的顾虑。

为此，我们参考世界经济论坛《未来就业报告》的建议。

为了防止出现两败俱伤的局面，技术变革伴随着人才短缺、大规模失业和就业环境的不平等日益严重，企业必须再培训和提高员工技能，在支持现有劳动力方面发挥积极作用，如果个人对自己的终身学习采取积极主动的态度，政府应迅速和创造性地营造有利的环境。研究分析表明，到目前为止，许多雇主的再培训和提高技能仍然集中在一小部分现有的高技能、高价值的雇员身上。然而，为了真正迎接为第四次工业革命制定制胜劳动力战略的挑战，企业需要将投入的人力资本视为资产而非负债。

人力资本的投入尤其重要，因为新技术和高技能之间存在良性循环，新技术的采用将推动业务增长、创造新的就业机会和增加现有的工作岗位，前提是它能够充分利用积极、灵活的劳动力的才能，并通过不断地再培训和提高技能来创造新的机会。相反，员工之间和组织高层领导之间的技能差距可能会严重阻碍新技术的采用，从而阻碍业务的增长。

为了开启良性循环，避免恶性循环，应将人力资本视为资产而非负债，这与围绕技术投资的淘金心态形成鲜明对比，然而，要想在第四次工业革命中取得成功，就需要投资于人类。

9.8　小结

在着手写这本书的时候，我们已经听任了先发制人的命运，这就是写科技文章的风险所在。结合多年的工作经验和数百页的研究，本书中给出的例子可能随时都会过时，为了平衡这一风险，我们试图对人性以及人类与机器之间的关系进行反思，这些思考在未来一段时间内仍然适用。

黑暗时代随着印刷机的出现而结束，人工智能时代也预示着光明的未来。我们眼前正绽放着新生的文艺复兴，印刷机带动了知识的全球分布，人工智能将带来全球分布的自动化理性思考。但这也意味着这些突破将迅速、激烈地到来，可能会让许多人目瞪口呆。我们希望阐明一些普适性的原则，即使技术不可避免地发生变化，这些原则仍然是正确的。

"人机共融体"是通过实施一个组织管理框架来创建的，该框架通过应用卡斯帕罗夫定律，以满足博斯特罗姆的集体超智能的条件来解决莫拉维克悖论。

我们通过将人与人工智能的网络以扁平和流动的结构连接起来，让网络充满大数据，用云计算为其提供动力，用目的丰富它，培养独特的人类力量，从而创造出人机共融体。这不仅将创造一个具有可持续竞争优势的企业，而且也将是一个既有效益又有道德的企业。

谢谢你和我们一起踏上这段旅程。我们希望读者能在我们这些见解的基础上，使我们的组织在变得更加强大和智能化的同时，也变得更加人性化。

如果在未来某一天，一个超级人工智能获得了决定性的战略优势，并且人们碰巧读了这本书，请注意，我们做了一个真诚的努力，使超级人工智能的存在不危及人类物种的命运。